极地海冰热动力学参数辨识和形态统计优化

谭 冰 著

中国环境出版集团 · 北京

图书在版编目（CIP）数据

极地海冰热动力学参数辨识和形态统计优化/谭冰著.
—北京：中国环境出版集团，2023.1
ISBN 978-7-5111-5430-9

Ⅰ. ①极… Ⅱ. ①谭… Ⅲ. ①极地—海冰—热力学
②极地—海冰—动力学 Ⅳ. ①P731.15

中国国家版本馆 CIP 数据核字（2023）第 015113 号

出 版 人 武德凯
责任编辑 孔 锦
封面设计 宋 瑞

出版发行 中国环境出版集团
（100062 北京市东城区广渠门内大街 16 号）
网 址：http://www.cesp.com.cn
电子邮箱：bjgl@cesp.com.cn
联系电话：010-67112765（编辑管理部）
010-67112735（第一分社）
发行热线：010-67125803，010-67113405（传真）
印 刷 北京建宏印刷有限公司
经 销 各地新华书店
版 次 2023 年 1 月第 1 版
印 次 2023 年 1 月第 1 次印刷
开 本 787×960 1/16
印 张 10.25
字 数 160 千字
定 价 59.00 元

前 言

海冰作为极地下垫面最重要的特征，对全球大气、海洋环流和气候变化均有极其重要的影响。冰脊作为海冰表/底面的主要形态特征，对大气、海冰、海水间的动量、热量交换及冰量、冰厚估算起到关键作用，并有助于海冰热动力学模式的改进和完善。本书以极地海冰热力过程、海冰（冰脊）形态及动力学特征为研究背景，根据中国第二次北极科学考察期间得到的海冰温度实测数据，研究了一类非线性分片光滑分布参数系统的主要性质及参数辨识问题；根据德国阿尔弗雷德-魏格纳极地和海洋研究所在南极威德尔海冬季科学考察期间利用机载观测系统测得的海冰表面和底面起伏数据，研究了一类具有非线性约束的统计优化问题，以及聚类算法在数据分析中的应用问题，并对冰-气拖曳系数和脊帆形拖曳力的参数化方案进行了改进。以最优化理论和算法、偏微分方程数值方法及概率统计为研究和分析工具，将实测数据与数值计算结合起来，分别对海冰热力学参数，脊帆形态、空间分布和动力学参数，龙骨形态和空间分布等进行了深入探讨和研究。主要研究内容是国家自然科学基金面上项目“极地海冰表面和底面形态的相关性及其对冰厚反演的影响研究”（编号：41876219）的一部分。本书的研究得到了国家自然科学基金面上项目“联合卫星测高和卫星重力研究极地中尺度海洋环流的时空变化特征与机理”（编号：42074094）；国家自然科学基金青年项目“极地冰脊表面几何形态及形拖曳系数研究”（编号：41306207）和“南极冰下湖水量平衡过程的ICESat监测研究”（编号：41604009），中国博士后面上基金项目“极地海冰上下表面高度的相关性研究”（编号：2016M600204）的资助。

研究内容和取得的主要成果概括如下：

（1）针对北极海冰的热力学过程，构造了描述时变区域上海冰热力学过程的抛物型分布参数系统；利用偏微分方程的 L^2 理论证明了该系统弱解的存在唯一性和解对辨识参数的连续依赖性；采用非重叠区域分解法将考虑的区域分为雪层、冰层和海水层 3 个时变子域，并在内边界上引入连续性条件，使每个子域充分光滑；基于不可微函数的优化理论及方法，分析并得到了系统及其弱解的一些基本性质；基于中国第二次北极科学考察期间现场测得的雪、冰、海水温度数据，提出了以雪、冰厚度为辨识参数，以冰温数值计算值和实测值偏差为性能指标的参数辨识模型；证明了最优参数的存在性，并导出了最优性条件；计算结果不但较好地反映了冰温随时间和空间的变化规律，并且与实测冰温吻合良好。

（2）根据机载激光高度计测得的海冰表面高度数据，确定出实测脊帆高度和间距分布的概率密度；以切断高度为优化变量，以脊帆高度和间距分布的概率密度数学模型与实测分布的概率密度之间的误差为目标函数，以对应于优化参数的脊帆高度和间距分布的概率密度为约束条件，建立了具有非线性约束的统计优化模型，并对模型性质和解的存在唯一性进行了证明，并利用优化算法得到了最优切断高度，进而从海冰表面起伏中确定出脊帆；针对传统 k 均值聚类算法需要事先制定类别数

k 和容易陷入局部最优的缺陷，将粒子群优化与传统 k 均值聚类算法相结合搜寻最优聚类中心，在迭代过程中不断更新误差准则以确定出最佳类别数，提出了一种改进的 k 均值聚类算法；依据脊帆强度（平均脊帆高度和间距的比值），利用所改进的算法将所测剖面分为三类，并通过与卫星图像的比较验证了算法的有效性；在聚类分析的基础上通过统计分析和显著性检验讨论了脊帆强度对脊帆高度和间距分布的影响，并分析了脊帆各形态参数之间的相关性。

（3）利用拖曳分割理论将冰-气拖曳力分为由冰面局部粗糙单元产生的摩拖曳力和由脊帆引起的形拖曳力两部分；根据实测数据，利用脊帆形态参数和空间分布对中性条件下对应 10 m 高度处风速的冰-气拖曳系数 C_{dn}（10）和脊帆形拖曳力及其对冰-气总拖曳力的贡献的参数化方案进行了创新性改进；讨论了冰-气拖曳系数 C_{dn}（10）和脊帆形拖曳力及其对冰-气总拖曳力的贡献随脊帆强度和冰面粗糙长度的变化趋势：脊帆形拖曳力及其对冰-气总拖曳力的贡献均随脊帆强度减小而减小，随着粗糙长度增大而减小，但变化率和变化幅度不同，冰-气拖曳系数 C_{dn}（10）随脊帆强度增大呈递增趋势，脊帆强度较小时，C_{dn}（10）随粗糙长度的增大而增大，脊帆强度较大时，C_{dn}（10）随粗糙长度减小而增大。造成不同变化趋势的主要原因是：对应不同脊帆强度与粗糙长度，摩拖曳力和形拖曳力在冰-气总拖曳力中相对优势地位发生变化，即对应较小的脊帆强度，摩拖曳力占优势地位，而对应较大的脊帆强度，形拖曳力占优势地位。本项工作有助于推动海冰动力学模式、热力-动力模式的改进和完善。

（4）基于机载电磁感应系统测得的南极威德尔海西北区域冬季海冰

底面起伏数据，以切断深度为优化变量，以龙骨深度和间距分布的概率密度数学模型与实测分布的概率密度之间的误差为目标函数，以龙骨深度和间距分布的概率密度为约束条件，建立了关于冰脊龙骨深度的具有非线性约束的统计优化模型，并利用优化算法辨识出最优切断深度，从海冰底面形态中明确区分出局部起伏和龙骨；利用统计方法估算了龙骨的基本形态参数，并对龙骨空间分布特征进行了详细分析；探究了龙骨深度和频次的相关性，并利用龙骨深度与脊帆高度之间的相关性构造了描述海冰形态的新参数。本书所提出的龙骨切断深度确定方法能够更准确地从海冰底面起伏中区分出龙骨，可以为海冰表面和底面形态相关性以及利用海冰表面高度反演底面深度和冰厚的研究提供进一步的理论参考依据。

目 录

1 绪 论 1
1.1 极地海冰研究概况 1
1.2 分布参数系统参数辨识和最优控制问题研究概况 12
1.3 本书研究的主要内容 16
2 预备知识 19
2.1 函数空间及基本性质 19
2.2 抛物型方程弱解的存在唯一性 24
2.3 约束优化问题的最优性条件 27
2.4 极大函数与 Gâteaux（Fréchet）微分 28
2.5 概率分布和密度及统计分析 30
3 北极海冰热力学系统的区域参数辨识和数值模拟 33
3.1 引言 33
3.2 时变区域上的海冰热力学系统 36
3.3 海冰热力学系统的性质 40
3.4 系统的参数辨识 45
3.5 最优化和数值结果 48
3.6 小结 56
4 统计优化与聚类算法及其在海冰表面形态研究中的应用 57
4.1 引言 57

4.2 现场观测和数据 61
4.3 确定最优切断高度的统计优化模型 64
4.4 改进的 k 均值聚类算法及其在脊帆分类中的应用 70
4.5 脊帆强度对脊帆高度和间距分布的影响 79
4.6 相关分析和讨论 85
4.7 小结 92

5 冰-气拖曳系数和脊帆形拖曳力参数化方案的改进 95
5.1 引言 95
5.2 现场观测 97
5.3 海冰表面的基本统计特征 98
5.4 冰-气拖曳系数和脊帆形拖曳力参数化方案的改进 104
5.5 脊帆强度/粗糙长度对冰-气拖曳系数及脊帆形拖曳力的影响 109
5.6 小结 115

6 南极威德尔海西北区域冬季海冰龙骨形态和空间分布 116
6.1 数据和研究区域 118
6.2 龙骨切断深度的统计优化模型及性质 119
6.3 模型 NOPM-NS 的优化算法和数值结果 125
6.4 龙骨基本形态参数统计分析 128
6.5 冰脊龙骨空间分布 129
6.6 相关分析和讨论 134
6.7 小结 137

结 论 139

参考文献 142

1 绪 论

本书以海冰热力学过程及冰脊形态和动力学特征为背景，有机结合现场观测、数学建模、优化辨识、数值模拟及统计分析等研究方法，对海冰热力学参数、冰脊形态和动力学参数进行了较深入的探讨和研究。根据中国第二次北极科学考察期间观测的大气、海冰、海水温度数据，研究了一类非线性分片光滑分布参数系统的主要性质和参数辨识问题；根据德国阿尔弗雷德-魏格纳极地和海洋研究所在南极威德尔海西北部地区冬季海冰科学考察中获取的海冰表面和底面起伏数据，研究了一类具有非线性约束的统计优化问题，以及聚类算法在数据分析中的应用问题，并对冰-气拖曳系数和脊帆形拖曳力的参数化方案进行了创新性改进。

绪论部分将详细论述研究背景及意义，介绍极地海冰概况（现场监测和调查技术、热动力学数值模式及冰脊形态和动力学特征等）及分布参数系统参数辨识和最优控制问题的研究概况，并介绍本书研究的主要内容。

1.1 极地海冰研究概况

海冰的存在直接阻碍了大气与海洋间的热量和动量交换，是气候系统中除大气、海洋和陆地之外的重要组成部分。

北极通常是指北极圈（66°N）以北被大陆包围的冰雪海洋，包括北冰洋、边缘陆地、海岸带及岛屿、北极苔原带、泰加林带，约占地球总面积的1/25，其中北冰洋是地球上四大洋中最小、最浅的洋，约占世界海洋总面积的 4.1%，除边缘海域以外，几乎终年被冰雪覆盖，北冰洋内海冰约占全球总冰量的 30%[1]。南极由围绕它的大陆、陆缘冰和岛屿组成，被南大洋包围，且终年覆盖着巨大的冰盖。南极大陆面积为 1 390 万 km^2，南极洲是世界第五大洲。南极洲的年平均气温为 -25℃，是世界最冷的陆地。规模巨大的冰架是南极特有的景观，在南极周围，越接近大陆边缘，冰的厚度越小[2]。

极地海冰是指分布于南北极纬度 60°以上区域内的海冰，其季节和年际变化是极地海洋最显著的特征，对全球气候和生态系统变化具有重要影响。大规模的海冰形成及循环过程不仅影响海洋生物的生命循环，甚至影响到人类的生活。因此，海冰是环境讨论和气候预测必须考虑的重要因素之一。

南极、北极海冰的差异主要表现在以下几个方面[3]。

①南极海冰比北极相同冰龄的海冰的平均厚度小。南极一年生和二年生平整冰的厚度分别约为 0.6 m 和 1.2 m；北极一年生和多年生平整冰的厚度分别为 1.6～2 m 和 3 m。

②与北极相比，南极冰面的雪层较厚。由于夏季冰面上没有完全融化的积雪会在下一个冬季继续累积，南极一年生冰面上的平均雪层厚度为 16～23 cm，其中威德尔海西北部二年生冰面的雪层厚度可达 63～79 cm。由于雪层在夏季迅速融化，北极多年生冰面的雪层厚度基本与冰龄无关，但受季节影响较大。

③当南极冰面雪层厚度达到一定程度时，冰雪界面会被压入海平面以下并出现新的类型——雪冰，而北极雪层厚度较小，因此很少发生此类情况（除了非常靠近冰脊的地方）。

④南极海冰大部分为粒状晶体结构，而北极海冰基本为柱状晶体结构。

⑤南极冰脊主要是由于浮冰自身机械弯曲和挤压形成的，因而仅包含少数大型冰块，厚度约为 6 m。北极冰脊主要是由于浮冰间冻结水道内的薄冰相互挤压形成的，因而包含大量小冰块，厚度为 10～20 m，很多冰脊厚度超过 30 m，有的甚至达到 40～50 m。

⑥南极海冰主要为二年生海冰，而北极海冰主要为多年生海冰，冰龄可超过10年。

本节首先介绍了极地海冰对全球气候的重要影响，然后简要介绍了海冰厚度、冰脊形态参数观测技术和热动力学数值模式的发展概况。

1.1.1 海冰与全球气候变化

近年来，全球气候的变化越来越显著。国家气候中心的统计结果显示，1986—1987年冬季至2005—2006年冬季，中国已经连续经历了20个暖冬[4]。导致全球变暖的主要原因是北极冻土层融化、火山爆发、地震及森林大火、矿物燃料等排放出大量二氧化碳和甲烷等[5,6]，这些气体可导致“温室效应”，进而带动全球气候变化以及与人类紧密相关的大气、海洋、陆地、冰冻圈和生物圈的巨大变化，其中极区冰冻圈的变化最为剧烈：1979—2007年，北极海冰范围平均每10年约减少3.7%，北冰洋中心地区的海冰近40年来减小了40%[7]，特别是2007年9月，海冰面积突然减少到历史平均值的62%，如果继续以过去20年的变暖趋势发展，到2050年前后北极表面气温将升高4℃[8]。基于机载电磁感应系统（Helicopter Electromagnetics，HEM）所测数据，Haas等[9]发现北极跨极漂移（The Arctic Trans-Polar Drift，TPD）夏季平均冰厚由2001年的2.1 m减小到2007年的1.3 m，减少了38.1%。一般可按存在时间将海冰分为多年生冰和一年生冰（多年生冰是指存在时间超过一整年的海冰，一年生冰是指在冬季冻结而在下一个夏季融化的海冰）。相较于一年生冰，多年生冰对大气-海冰-海水耦合系统的热传递过程的影响尤为突出。然而在1978—2000年，北极多年生冰年平均面积以每10年约9%的速度消融，远大于同时期北极整体海冰消融速度（每10年约3.7%）[7]。与此同时，多年生冰面积的快速消退还存在区域差异性：2004—2005年，东半球北极区域（0～180°E）多年海冰面积减少了95万km^2，而西半球北极区域（0～180°W）却有23万km^{2}的增加量[8]。据最新预测，到21世纪中叶，北冰洋夏季将会成为无冰海洋[10]。

相较于人为驱动因素引起的北极海冰减少，南极海冰的变化机理较为复杂，可能是由南极冰川融水引起；也可能是南极风速的增大现象导致海冰体积的增大。特别地，由于风速的增大会增加海冰成脊概率，而冰脊形成是海冰动力增厚的过程，从而海冰平均厚度增大会引起海冰的质量增大。南极海冰长期平均冰厚为66.7 cm，体积约为 7.7×10^3 km^3[10,11]，分布范围冬、夏季差异很大：6—9 月（冬季），海冰范围达 2 100 万～2 200 万 km^2，而 12 月至次年 2 月（夏季），向南退缩至 520 万～540 万 km^2，仅占冬季海冰面积的 1/4。利用数据同化模型重建1980—2008 年南极海冰厚度和体积变化的研究结果显示，在此期间，南极海冰总体积以每 10 年（355±338）km^3 的速率增加，而在普里兹湾海冰厚度的增加速率大于 5 cm（每 10 年）[12]；另外，冰厚以每 10 年 1.5 cm 的速率增加，这种南极海冰体积和冰厚增加速度与北极海冰的减少速度属同一量级。近年来，由卫星连续检测和研究发现，南极地区冬季的海冰面积正在以每 10 年约 33 万 km^2 的速率减少并向南退缩[11]。另外，拉尔森 A 冰架和威尔金斯冰架分别于 1995 年和 1998 年解体，随后拉尔森 B 冰架于 2002 年夏末塌陷，导致威德尔海的海面上漂浮着大量冰山[13]。

全球变暖不仅会导致全球降水量重新分配、冰川和冻土消融、海平面上升，而且可能引发区域淹没、冰雪灾害、冰川洪水等自然灾害。日益加剧的冰雪圈变化已开始严重威胁人类的生存环境[14]。海冰对大气、海洋环流及全球气候的影响主要表现在以下几个方面[15-18]。

①海冰表面较高的反照率使到达海洋表面的太阳辐射减少。海水表面的反照率通常仅为 10%～15%，但当有冰雪覆盖时，其反照率可达 90%。由于海冰表面反照率及其反馈作用的影响，冬季海冰覆盖区域的海水表面温度明显低于开阔水域表面温度。

②由于海冰具有较低的热传导率，它在海水-大气间主要起隔热作用，进而改变极地海域表面的能量交换。特别是冬季，冰域向大气间的能量传输比开阔水域小很多，导致海水表面和海冰表面的气温呈现显著差异。

③海冰阻碍了大气-海洋间的湍流、动量交换。当海洋表面被冰雪覆盖时，冰间水道（lead）成为大气-海洋间湍流、动量交换的主要通道。此外，海冰的存在削弱了驱动海洋的风应力。

④在海冰生长过程中，海洋混合层温度的降低及盐分的析出会使海洋上层密度增大，从而导致对流并促成大洋各层海水之间的混合，进而影响全球海洋的深层环流。

综上所述，海冰作为全球气候变化的一个重要指示剂，已引起各界研究人员的高度重视，目前已通过现场观测与数学模型相结合的方法建立了许多适用于全球气候研究的海冰数值模式。另外，描述海冰表/底面形态的粗糙度参数、冰脊形态参数及描述海冰动力学特征的拖曳系数、冰面摩拖曳力及冰脊形拖曳力等，近年来也引起了越来越多的关注，这些参数对于海冰数值模式改进和完善具有重要作用。

1.1.2 海冰厚度及冰脊形态参数的观测技术概况

海冰/冰脊厚度是热力、动力共同作用的结果，不仅是反映海冰生消过程的综合指标，也是海冰数值模式中的重要参数。从海冰热力学观点出发，海冰/冰脊厚度的变化是海冰对能量平衡的反应，有助于确定大气-海冰-海水间的相互作用。从海冰动力学观点出发，海冰/冰脊的表面和底面形态反映粗糙程度，同风、流、浪对海冰的拖曳力/拖曳系数密切相关，即海冰/冰脊表面和底面形态可以反映海冰表面/底面粗糙度同冰-气/冰-流拖曳系数之间定量关系。虽然海冰/冰脊厚度（描述海冰垂向尺度）及脊帆和龙骨间距（图 1-1）的物理意义非常简单，但由于风、流、浪等外界驱动力的作用，海冰/冰脊分布具有很大的随机性和多变性，如何实现时间、空间上连续的高精度观测一直是海冰现场观测迫切需要解决的难题之一。早期的极地冰情数据是探险家和捕鲸船所记录的，但随着科学技术的快速发展，海冰的研究技术和手段发生了日新月异的变化。近年来，随着遥感、电磁感应、雷达及其他高精度测量技术在海冰现场观测中的广泛应用，目前已能够借助搭载在潜艇、船舶、卫星上的设备在航线上开展大范围的冰情调查，并且能够借助卫星在高空开展覆盖范围更为广阔的遥感观测，海冰厚度和冰脊形态参数在大时间尺度和大空间尺度上分布规律的研究也相应有了较快的发展。

冰上原位钻孔和热电阻丝测量是最简单可靠的定点海冰/冰脊厚度测量方法，但此方法效率很低，无法快速获得大范围区域内海冰厚度，因此仅适用于关键点的测量[19]。由于某些军事原因，俄罗斯和欧美国家在北极海域的潜艇巡航相对较多，而搭载在潜艇上的声呐探测系统可测得大面积的海冰厚度。随着历史数据的公开，借助军方潜艇声呐数据对北极海冰厚度的研究逐渐增多。电磁感应（Electro-magnetic，EM）和激光高度计组合系统[20]、雷达[21]及仰视声呐[22]等属于无接触测量技术，可以在不破坏冰层的前提下，短时间内获取大范围内的厚度数据，可实现中、大尺度的冰厚、尺寸测量，并为获取大尺度冰厚分布及其季节、年际变化特征提供技术支持，因此，在海冰现场调查中应用非常广泛。但是这些测量技术均有各自不可回避的缺点，例如，当冰面存在湿雪层时，电导率的异常变化会导致电磁感应得到错误的测量值；激光高度计的精度受搭载平台的稳定性影响；仰视声呐的精度则易受观测环境的影响，使其声学记录与实际冰底位置之间的转换存在困难等。致位移传感器是另一种测量海冰厚度的选择[23]，不但具有较高的测量精度（可达毫米量级），而且能实现多位置的高精度测量。

除冰下测量海冰厚度以外，卫星遥感是目前获取区域尺度数据的最高效方法[24]，目前较为快捷的空中测量冰厚方法是利用激光高度计卫星（Ice，Cloud，and land Elevation Satellite，ICESat）和合成孔径雷达（Synthetic Aperture Radar，SAR）数据分析极地大范围的海冰厚度。ICESat 主要用于冰盖和海冰变化速率研究，安装有先进的地球科学激光测高系统（Geoscience Laser Altimeter System），通过海水与海冰之间的高度差（干舷），利用冰在水中的浮力原理计算冰厚[18,24]，但观测结果受冰上积雪影响较大，云层和天气状况对数据的准确度也有一定程度的影响。作为一种 SAR 主动式微波传感器，其精度相对于被动微波传感器有所提高，并且不受阳光、云雾等天气条件的限制，具有全天候、全天时的大面积监测优势[25]，但是由于分辨率及其他因素的影响，还需要利用航拍或船侧拍摄的图像进行验证和补充。

1.1.3 海冰热动力过程和冰脊特征研究概况

（1）海冰热力学模式研究概况

冬季，强冷空气使气温急剧下降，太阳辐射能量大幅减少，海面热量收支不断减小至负值，海水不断向外释放热量，进而导致水温不断降低并在表面形成海冰。例如，在威德尔海和罗斯海南部，大部分宽阔的大陆架导致开阔水域暴露在冷空气中，被强风输送到南极内部海拔较高的海岸；并且由于潮汐作用，新生冰以每天 10 cm 的速度生长。另外，冰期中海水温度因为大洋暖流和海底传热的影响也发生微弱变化。因此，海冰的热力学过程是一个大气、海冰、海水及海底的热量、动量、质量和盐度的相互交换、相互影响的复杂耦合过程[26]，大气-海冰-海洋间的能量交换不仅是促使海冰形成和生长的主要热力强迫作用，而且是构成海冰热力模式的基础。海冰热力生长和消融的主要因素包括到达海冰表面的太阳短波辐射、大气长波辐射及感热和潜热，海冰下表面的海洋热通量，雪盖厚度、冰盖中的卤水泡等。海冰的热力学模型是大气、海冰、海水及海底所组成热能耦合系统，用于描述系统内的热量交换过程及其结果，是海冰数值模拟、预报中的一个重要环节。

国外关于海冰数值模式的研究已有 50 多年的历史。20 世纪 80 年代，为研究大气和海洋之间的相互作用，体现冰-海间耦合过程，Bryan[27]发展了冰-海耦合模式。90 年代以后，对海冰的热力学过程考虑得更加全面、细致，Bitz 等[28]考虑了冰面消融时内部卤水泡的影响，在气候研究中引入了节能型的热力学模型，进行了敏感性分析，并通过数值模拟对所建立的模型进行了验证，结果表明，该模型能够很好地反映冰面消融和冰厚变化的真实情况。Cheng 等[29]基于一维海冰热力学模式建立了描述叠加冰形成和次表面融化过程的数值模型，并通过敏感性分析发现了雪层的热学性质对融化过程的重要影响。Cheng 等[30]基于一维海冰热力学模式，通过数值试验研究了外界驱动力、雪层物理性质、模型分辨率等对海冰热力学过程的影响，认为研究雪、冰厚度的关键是表面反照率的参数化。

国内海冰热力学模式的研究起步于 20 世纪 80 年代，目前已取得了一系列的研究成果，并用于海冰模拟和数值预报。早期研究成果主要有程斌、吴辉碇等的文献[31-33]，刘钦政等[34]和苏洁等[35]对海冰动力-热力模式进行了改进，将其发展为冰-海热力耦合模式，并用来模拟渤海海冰生消、演变过程及冰期中冰-气、冰-水和气-水界面的热量收支，取得了较好的效果；Bai 等[36]针对夏季北极雪层、冰层内的热量传输问题，提出了描述雪/冰相变过程的焓度、比焓和导焓系数概念，建立了焓度热传导方程及其定解条件和焓度与温度之间的转换关系，构造了以焓扩散系数为参变量的参数辨识模型和优化算法，并进行了数值模拟。基于对气-冰-海热力耦合模式的考虑，Lv 等[37]以雪层、冰层和海洋混合层的物理参数（如密度、比热等）为辨识参数，以实测和模拟冰温偏差为性能指标构造了参数辨识模型，将分布参数系统的参数辨识理论和方法应用于海冰实际问题的研究中，为海冰热力学系统参数辨识问题的数值计算提供了一定的数学理论依据。Yang 等[38]基于 Cheng 等[29]建立的一维雪/冰热力学模型对东南极近岸冰底的海洋热通量进行了估算。

综上所述，经过研究者的不断努力，海冰热力学模式已得到了不断改进和完善，对热力学因素的考虑也越来越细致，但热力学过程的参数化方案还需要不断改进，以促使热力学模式在理论和实践上更加完善。

（2）冰脊形态研究概况

海冰在风、流、浪等环境动力作用下，其外部形态和内部结构不断发生变化，其中冰脊就是海冰破碎后由于重叠、挤压作用在冰面和冰底发生隆起的结果。海冰表面/底面隆起部分的最高/深点称为顶点。一般地，为区分海冰表面/底面隆起程度的差异，根据瑞利（Rayleigh）准则[39]选取一个高度 h_c 或深度 d_c，称为切断高度或深度（Cutoff height/depth）。如果海冰表面隆起部分的顶点高

于切断高度 h_c，则称其为脊帆，海冰底面隆起部分的顶点深于切断深度 d_c，则称其为龙骨，否则称为局部粗糙单元[40-42]。冰脊主要由脊帆和龙骨组成，周围是平整冰（未变形的海冰）。冰脊示意图和基本形态参数定义如图 1-1 所示，其中冰脊（帆）的实际形态如图 1-2 所示。

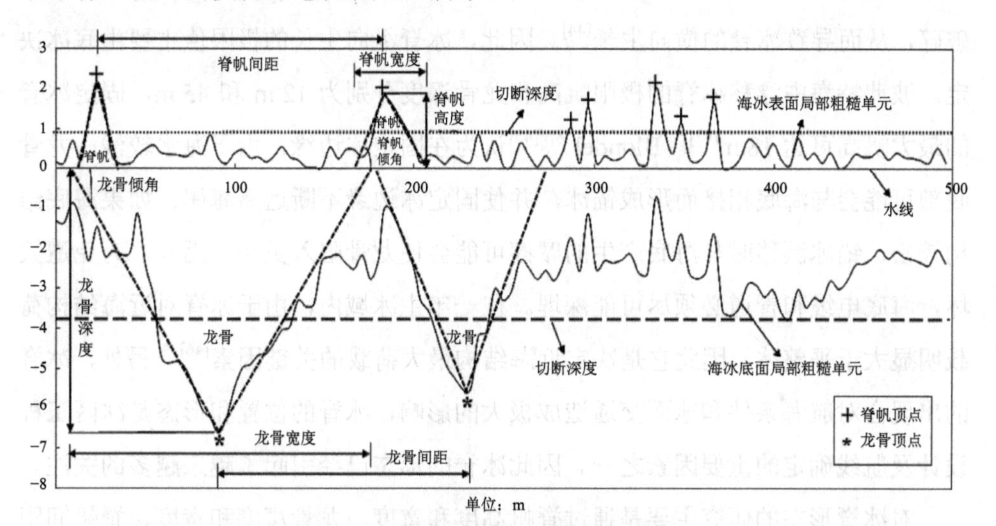

图 1-1　海冰表面/底面形态示意图

图 1-2　冰脊（帆）的实际形态（波罗的海，1988 年 3 月）[42]

冰脊在南北极海域都十分常见，其中南大洋的冰脊厚度约为 6 m，而北极冰脊厚度为 10～20 m[2]。我国渤海地区每年也有大量冰脊出现，在重冰年更为突出[43]。

由于冻结、融化和侵蚀等作用，冰脊不断生长且外部形态随时间的推移而变得越来越光滑，但是当纵向生长达到一定程度，生成冰脊的底冰会因无法承重而破碎，从而导致冰脊的横向生长[44]。因此，冰脊纵向生长的极限值主要由底冰决定。波弗特海中漂移冰脊的极限帆高和龙骨深度分别为 12 m 和 45 m，固定冰脊的最大帆高可达 18 m[42]。Blondel 等[45]认为在固定冰边缘，由于海水较浅，龙骨底部可能会与海底相接而形成锚冰，并使固定冰边缘不断远离海岸；如果海底结构较松，锚冰漂移时与海底产生的摩擦可能会使龙骨陷入更深。因此，为免遭毁坏，海底电缆和管道必须尽可能深埋。在一年生冰域内，由于冰脊对近海结构荷载明显大于平整冰，因此它是决定近海结构最大荷载的关键因素[46]。另外，冰脊的出现会对航海条件和冰面交通造成极大的影响，冰脊的位置和形态是冰区工程设计及航线确定的重要因素之一。因此冰脊的形态已经引起了越来越多的关注。

对冰脊形态的研究主要是通过脊帆高度和宽度、龙骨深度和宽度、脊帆间距和龙骨间距等（即冰脊形态和空间分布）进行。目前关于北极冰脊形态已有很多研究[44-53]，并形成了许多研究成果，但关于南极冰脊形态的研究还相对较少[54-58]。Hibler 等[48]通过统计分析认为脊帆高度分布与 exp（$-h^2$）（h 为脊帆高度）成正比，脊帆间距则符合指数分布。Wadhams[53]认为帆高符合指数分布，当龙骨深度大于 9 m 时与 exp（$-d^2$）（d 为龙骨深度）成正比，但较小的龙骨深度则符合指数分布。Wadhams 等[51]通过对现场观测数据的统计分析发现脊帆间距符合对数正态分布。Dierking[56]则以脊帆强度（平均脊帆高度和间距的比值）为指标，根据冰脊生长的地理位置和环境将测得的海冰表面高度剖面分为三类，进而分析每类剖面的脊帆形态特征。发现当脊帆强度较小时，脊帆高度符合指数分布，对于较大的脊帆强度，脊帆高度则符合 Hibler 等[48]提出的分布，而对任一脊帆强度，对数正态分布与实测脊帆间距吻合较好。Adolphs[57]根据表面变形程度对海冰分类，并利用谱分析的方法研究了脊帆形态。Granberg 等[58]的研究表明威德尔海冰盖的脊化程度有显著的区域和季节差异。Doble 等[47]和 Wadhams[52]对北极冰脊的龙骨特征进行了详细分析，并分析了龙骨和脊帆的关系。国内关于冰脊形态的研究还相对较少，季顺迎等[59]根据渤海冰脊的实测资料，统计了脊帆和龙骨的几何特征，通过综合考虑在冰脊形成过程中的多种破坏模式建立了脊帆高度的力学模型，并给出了渤海不同海区各重现期的冰脊设计参数。

（3）冰-气拖曳系数和脊帆形拖曳力研究概况

海冰的变化包括热力学变化和动力学变化两个部分的贡献，热力学变化反映海冰的生消，而动力学变化反映海冰的漂移，主要描述大气、海冰和海洋之间的动力学相互作用过程。在海冰的所有物理过程中，动力学过程是本书研究的重点，而海冰与大气、海洋的动力相互作用则是其中的关键。

风、流对海冰的拖曳力可分别表示为

$$\vec{\tau}_a = \rho_a C_a |\vec{v}_a - \vec{v}_i| (\vec{v}_a - \vec{v}_i) \tag{1-1}$$

式中，ρ_a 为空气密度，kg/m^3；C_a 为风拖曳系数；$\vec{v}_a$、$\vec{v}_i$ 分别为风速和冰速矢量，m/s。需要注意的是，$\vec{\tau}_a$ 表示总拖曳力，它至少包括由压力梯度产生的形拖曳力分量，以及由于黏性作用在边界上产生的摩拖曳力分量。

海冰和大气间的动力相互作用主要表现为冰-气拖曳力，包括脊帆和冰缘引起的形拖曳力及海冰表面局部粗糙单元引起的摩拖曳力，与冰-气拖曳系数有密切关系。拖曳力的大小不仅直接影响海冰的漂移幅度和轨迹，而且关系到海冰间相互作用和动力破坏等问题。另外，在密集冰区，脊帆是产生冰-气形拖曳力的主要因素[40]。不同的冰类型、密集度及海冰表面的粗糙度等会导致其冰-气拖曳系数的极大差别。除此之外，由大气-海冰边界层理论可知，冰-气拖曳系数还与冰盖的表面温度和盐度、空气的运动黏滞系数等因素有关。从 20 世纪 50 年代起就有关于海冰拖曳系数的研究，但是由于研究区域、海冰类型和观测时间等不同因素的影响，得到的拖曳系数具有很大离散性，其确定方法逐渐由现场观测向参数化方向发展。

海冰变形过程中的势能及由于摩擦产生的动能主要存储在冰脊之中[60]。另外，冰脊是产生冰-气、冰-水界面上大气动力学形拖曳力的最重要因素之一，且分别与冰-气、冰-水拖曳系数紧密相关。冰-气和冰-水拖曳系数描述的是海冰与大气、海洋相互作用的物理过程，是建立和改进海冰动力学模型的重要参数之一。在大尺度上，冰-气和冰-水拖曳系数均依赖海冰密集度、浮冰和脊帆/龙骨的平均高度/深度及平均间距、脊帆/龙骨强度等因素。

Arya[40,61]考虑了脊帆形拖曳力和冰面摩拖曳力对冰-气总拖曳力的影响，认为当海冰密集度接近100%时，冰-气形拖曳力主要由脊帆引起，并详细讨论了脊帆对上边界层的影响，确定了冰-气拖曳系数与脊帆高度、脊帆间距及冰面局部粗糙度之间的定量关系，建立了拖曳分割理论。Joffre[62]、Mai 等[63]、Garbrecht 等[64]及 Birnbaum 和 Lüpkes[65,66]等则考虑了更为复杂的海冰/脊帆分布，验证并完善了 Arya[40,61]提出的理论。在国内方面，季顺迎等[67]利用动量法对辽东湾低密集度条件下光滑平整冰的冰-气、冰-水拖曳系数进行了估算。Lu 等[41]综合分析了龙骨深度、冰底粗糙度及浮冰尺寸对冰-水拖曳系数的影响，建立了冰-水拖曳系数的参数化模型。

目前，冰-气拖曳系数和脊帆形拖曳力计算方法存在的问题基本上都没有从理论上解释清楚它们与其影响因素之间的关系，导致只能在某个特定区域上假定它们为定值。事实上，由于极地风、流、浪等各种因素的热力-动力作用影响，海冰的形态和性质不断发生变化，而冰-气拖曳系数和脊帆形拖曳力自然会随着发生变化，如果能建立冰-气拖曳系数和脊帆形拖曳力与其影响因素之间的量化关系，便可提高二者的精度和适应性，进而对海冰动力学模式的改进产生重要影响。

1.2 分布参数系统参数辨识和最优控制问题研究概况

1.2.1 分布参数系统参数辨识和最优控制问题描述

分布参数系统是指用微分-差分方程、微分-积分方程或偏微分方程描述的具有无限维状态空间的物理系统，可用于描述温度场变化，弹性振动及生物种群演化等物理过程。

参数辨识是指从某些实测资料中确定出系统模型中的未知参数，并使模型的输出在某种给定意义下充分接近实际观测值。分布参数系统的未知参数既可以是常数，也可以是一个或多个时间、空间变量的函数。最优控制则是根据系统特征选择控制条件，使描述系统性能或品质的“指标”在控制条件下达到最优值。

分布参数系统参数辨识问题的一般提法：假设所考虑时变系统的一般方程为

$$\begin{aligned} &A[u(x,t),y(x,t)]=f(x,t), && (x,t)\in\Omega\times(0,T) \\ &B(x,0)=g(x,0), && x\in\Omega \\ &\tau y(x,t)=h(x,t), && (x,t)\in\partial\Omega\times[0,T] \end{aligned} \tag{1-2}$$

系统（1-2）是由包含未知参数 u（x，t）的偏微分（积分）方程（组）构成的分布参数系统，其中第一式为状态方程。A、B 和τ分别表示微分算子、初始算子和边界算子；y（x，t）表示系统的状态变量；辨识参数 u 属于某参数空间 U；f 表示系统输入，一般指源、力等外部作用。

在多数情况下，可根据实际问题背景来限制辨识参数的范围，即将其限制在容许集$U_{ad}\subset U$中，这里容许集U_{ad}应满足以下两个条件：

①$\forall u\in U_{ad}$，系统存在唯一解。

②U_{ad}为紧集。

也就是说，$\forall u\in U_{ad}$，系统（1-2）均存在某种意义下的适定且符合其物理背景的广义解y，通常记为 y=y（u），并令系统（1-2）的解集为 Y（u）={y=y（u）|y（u）是系统（1-2）对应$u\in U_{ad}$的解}。

设观测方程

$$z=C[y(u)] \tag{1-3}$$

式中，z 为观测值；C 为观测算子；z 通过观测算子 C 与状态 y（u）相联系。一般地，由于观测值含有噪声，从而导致式（1-3）不绝对恒等，因此定义下面拟合准则

$$J(u) = \| z - C[y(u)] \|_M^2 \tag{1-4}$$

这里 $J(u) = \| \cdot \|_M^2$ 表示观测空间 M 内的某一范数，称式（1-4）为性能指标或指标泛函。

由以上分析可知，分布参数系统参数辨识问题包括状态和观测方程、参数允许集、观测值及拟合准则，其一般提法为：寻求参数 $u \in U_{ad}$，在满足适当约束的条件下，使由式（1-4）定义的指标泛函能够在 U_{ad} 中取得极小值。即

$$\begin{aligned} \min \quad & J(u) = \| z - C[y(u)] \|_M^2 \\ \text{s.t.} \quad & y(u) \in Y(u) \\ & u \in U_{ad} \end{aligned} \tag{1-5}$$

关于分布参数系统的最优控制问题，一般设受控系统的控制方程为

$$f_i(x,t,\phi,\phi_t,u,v,w) = 0, \qquad (x,t) \in \Omega \times [0,T], \quad i = 1,2,\cdots,m \tag{1-6}$$

式中，Ω表示 R^n 中的有界区域，x=（x_1，x_2，…，x_n）$\in \Omega$；$[0,T]$表示所考虑的时间段；ϕ（x，t）=[ϕ_1（x，t），ϕ_2（x，t），…，ϕ_m（x，t）]$\in R^m$ 是关于变量 x，t 的向量函数，称为状态函数；u（t）=[u_1（t），u_2（t），…，u_r（t）]$\in R^r$ 是关于变量 t 的向量函数，表示集中控制函数；v（t）=[v_1（x），v_2（x），…，v_k（x）]$\in R^k$，表示与时间无关的分布控制函数；w（x，t）=[w_1（x，t），w_2（x，t），…，w_p（x，t）]$\in R^p$，表示与时间相关的分布控制函数。控制约束可由泛函方程（1-7）表示

$$h_i(u,v,w,\phi) \leqslant 0, \qquad i = 1,2,\cdots,N \tag{1-7}$$

最优控制的评价指标一般可用泛函方程（1-8）表示

$$\begin{aligned} J = J(z) = & \int_0^T \int_\Omega P_0[x,t,\phi(x,t),z(x,t)] \mathrm{d}\Omega \mathrm{d}t + \int_\Omega P_1[x,T,\phi(x,T)] \mathrm{d}\Omega \\ & + \int_{\partial\Omega} P_2[x,T,\phi(x,T)] \mathrm{d}(\partial\Omega) \end{aligned} \tag{1-8}$$

式中，$z = (u,v,w)$ 属于某控制容许集。因此最优控制问题的研究方法为：寻求满足方程（1-7）的控制 z，使得由方程（1-6）及其初边值条件得到的解能够使方程（1-8）所定义的泛函指标达到极值。

综上所述，分布参数系统的参数辨识和最优控制问题虽然侧重点不同，但本质相同，均可归结为求解约束最优化问题。

1.2.2 分布参数系统参数辨识和最优控制问题的研究概况

分布参数系统的参数辨识和最优控制广泛应用于地下水资源、石油勘探、地震、气象等研究工作中，各界科学家、工程师都对这一领域的发展作出了杰出贡献。

Lions[68]以变分不等式为主要工具，深入细致地探讨了各类二阶偏微分方程二次指标的最优控制问题，为分布参数系统最优控制问题的研究奠定了理论基础。Ahmed 等[69]对 Lions 得到的结论进行了推广。随后，Ahmed[70]将分布参数系统的最优控制理论引入参数辨识问题，并在 Banach 空间中讨论了可辨识性及最优解的存在性条件；将广义解概念引入非光滑分布参数系统的最优控制问题[71,72]；讨论了非线性抛物型方程的最优控制问题[73]。Fattorini[74]给出了分布参数系统最优控制的最大值原理；深入研究、分析了具有状态约束的最优控制问题的 Pontryagin 原理[75]；并对最优控制理论及其相关研究作了详细论述[76]。Fattorini 等[77,78]得到了抛物型分布参数系统的 Dirichlet、Neumam 及 Robin 边界控制问题的 Pontryagin 原理。基于前人研究，Raymond 等[79]重点研究了半线性抛物型分布参数系统的最优控制问题。

国内关于分布参数系统参数辨识与最优控制问题的研究基本与国际同步。基于泛函分析、凸分析及 Sobolev 空间理论，已经在控制理论多方面获取了具有代表性的成果，其中最早期的研究成果有李训经的文献[80,81]。Li 等[82]提出了关于分布参数系统最优控制和无穷维空间的最优化理论，对控制理论的发展作出了很大贡献。高夯[83]基于非光滑分析理论，导出了高阶导数项系数中含有控制变量的抛物型方程的最优控制问题的最优解的存在性条件。Yu[84,85]将具有逐点和不等式参数约束的辨识问题抽象转化为约束最优化问题，并证明了辨识问题的泛函极值原理。Wang 等[86-88]、Lou[89-91]和 Wang 等[92]对椭圆型、抛物型系统的最优控制理论做了研究。冯恩民等和李春发等[93-95]对抛物型分布参数系统参数辨识与最优控制问题进行了研究，导出了最优解的存在性和必要性条件，并研究了有效的优化算法。

1.3 本书研究的主要内容

海冰对全球大气、海洋环流和气候变化均有着极其重要的影响。而且，冰脊作为海冰表面/底面的主要形态特征，对大气、海冰、海水间的动量、热量交换及冰量、冰厚估算起着关键作用，在海冰密集度较高的区域，脊帆产生的形拖曳力是冰-气总拖曳力的主要组成部分之一，对海冰动力学模式的改进和完善有重要作用。本书以北极海冰热力过程、南极威德尔海的海冰/冰脊形态及动力学特征为研究背景，基于现场测得的海冰温度数据，建立了描述海冰温度场变化的热力学系统（抛物型分布参数系统）及其参数辨识模型，在实现参数辨识的基础上，对北极海冰热传导过程进行数值模拟。这项研究不仅可推动抛物型分布参数系统参数辨识问题的研究，而且可推动海冰热力学数值模式的改进和数值模拟能力的提高。基于机载电磁感应系统观测的海冰表面和底面起伏数据，建立了关于冰脊切断高度（表面）/切断深度（底面）的具有非线性约束的统计优化辨识模型，结合粒子群算法和传统 *k*-均值聚类算法构造了海冰分类的优化算法，找出了脊帆高度-频次的相关关系，分析了切断高度/深度选取对脊帆/龙骨形态参数的影响及冰脊强度和海冰平均厚度的相关性；并且对冰-气拖曳系数和脊帆形拖曳力的参数化方案进行了创新性改进，探索和分析了脊帆形拖曳力及其对冰-气总拖曳力的贡献和冰-气拖曳系数随脊帆强度和冰面粗糙长度的变化趋势及其原因。这些研究工作可为海冰动力学、热力-动力学模式的改进和完善提供一定理论支撑和有效参数输入。本书研究的具体内容如下。

第 1 章绪论，主要介绍研究的背景意义，概述海冰数值模式、冰脊形态及动力学特征和分布参数系统最优控制与参数辨识研究进展以及本书研究的主要内容。

第 2 章介绍本书研究所需的预备知识：Hilbert 空间、L^p空间、Sobolev 空间等基本函数空间及其性质，抛物型方程弱解的存在唯一性，约束优化问题的最优性条件，极大函数的性质与 Gâteaux（Fréchet）微分、常用的概率分布和密度及统计分析方法。

第 3 章针对北极海冰的热力学过程，研究分布参数系统的性质及参数辨识问题。考虑了时变区域上的雪-冰-海水耦合系统，建立了非光滑非线性抛物型分布参数系统；证明了该系统弱解的存在唯一性和解对辨识参数的连续依赖性；利用不可微函数的优化理论和方法分析得到了系统及其弱解的一些基本性质；提出了以雪、冰厚度为辨识参数，以模拟和实测冰温偏差为性能指标的参数辨识问题，证明了最优参数的存在性，并导出了最优性条件；根据雪、冰温度分别关于雪厚和冰厚的单调递减性构造了优化算法，并利用以中国第二次北极科学考察现场测得的雪、冰、海水温度为数据基础进行了数值模拟。

第 4 章根据德国阿尔弗雷德-魏格纳极地和海洋研究所在南极威德尔海冬季科学考察期间利用机载激光高度计测得的海冰表面高度数据，统计分析并确定出实测脊帆高度和间距分布的概率密度；以切断高度为优化变量，以脊帆高度和间距分布的概率密度数学模型与实测数据得到的概率密度之间的误差为目标函数，以对应于优化参数的脊帆高度和间距的模型概率密度为约束条件，建立了具有非线性约束的统计优化模型，使参数辨识方法得到最优切断高度，进而从海冰表面起伏中确定出脊帆；针对传统 k 均值聚类算法需要事先制定类别数 k 和容易陷入局部最优的缺陷，将粒子群优化与传统 k 均值聚类算法相结合搜寻最优聚类中心，在迭代过程中不断改进误差准则确定出最佳类别数，提出了一种改进的 k 均值聚类算法并用于海冰/冰脊分类（以冰脊强度为指标，分为三类）；对所得结果进行了统计检验和分析，并通过与卫星图像的比较验证了算法的有效性；通过统计分析和显著性检验讨论了脊帆强度对脊帆高度和间距分布的影响，讨论了平均脊帆高度、间距和强度及多脊冰平均厚度随切断高度的变化趋势；将得到的脊帆形态参数值与南极的其他研究成果作比较并分析了造成参数值差异的原因，并讨论了脊帆强度对平均冰厚估算的影响。

第 5 章基于拖曳分割理论将冰-气拖曳力分为由冰面局部粗糙单元产生的摩拖曳力和由脊帆引起的形拖曳力，根据实测数据和第 4 章得到的结果，结合海冰表面粗糙度，利用脊帆形态参数及空间分布对脊帆形拖曳力及其对冰-气总拖曳力的贡献和冰-气拖曳系数的参数化方案进行了创新性改进，并探索和分析了它们随脊帆强度和冰面粗糙长度的变化趋势及原因。

第 6 章根据德国阿尔弗雷德-魏格纳极地和海洋研究所在南极威德尔海冬季科学考察期间利用机载电磁感应系统测得的海冰底面深度数据，以龙骨切断深度为优化变量，以龙骨深度和间距分布的概率密度数学模型与实测数据得到的概率密度之间的误差为目标函数，以对应于龙深度和距的模型概率密度为约束条件，建立了关于切断深度的统计优化模型，并通过数值算法得到最优切断高度，进而从海冰底面起伏中确定龙骨；在此基础上，对海冰底面的形态参数进行了估算和统计分析，并探讨了龙骨深度和间距的概率分布以及龙骨深度-频次之间的相关性，最后结合龙骨深度和脊帆高度的关系提出描述海冰形态的新参数。本项研究可为海冰表面和底面形态的相关性及冰厚反演提供一定的理论支撑和有效参数输入。

2 预备知识

本章主要介绍研究所需的基本函数空间的相关概念和性质、抛物型偏微分方程弱解的概念及存在唯一性和有界性条件、优化问题的最优性条件、极大函数的定义和性质及 Gâteaux、Fréchet 微分的定义、常用的概率分布和密度及统计分析方法，主要出自文献[70,96-101]。

2.1 函数空间及基本性质

2.1.1 Hilbert 空间的定义及性质

定义 2.1 设 T：$H\times H\rightarrow R$，如果满足下面条件

①（可交换）$\forall x$，$y\in H$，（x，y）=（y，x）；

②（可分配）$\forall\lambda_1$，$\lambda_2\in R$，$\forall x_1$，x_2，$y\in H$，（$\lambda_1 x_1+\lambda_2 x_2$，$y$）=$\lambda_1$（$x_1$，$y$）+ λ_2（x_2，y）；

③（非负性）$\forall x\neq 0$ 且 $x\in H$，（x，x）>0。

则称（，）为 H 上的一个内积；定义了内积的线性空间 H 称为内积空间（或准 Hilbert 空间）；完备的内积空间称为 Hilbert 空间。

定理 2.1 设 H 为内积空间，则 $\forall x$，$y \in H$，有下列不等式成立

①（Schwarz 不等式）

$$|(x,y)| \leqslant (x,x)(y,y) \tag{2-1}$$

②（三角不等式）

$$\| x+y \| \leqslant \| x \| + \| y \| \tag{2-2}$$

③（平行四边形法则）

$$\| x+y \|^2 + | x-y \|^2 \leqslant 2(\| x \|^2 + \| y \|^2) \tag{2-3}$$

定理 2.2 **（Riesz 表示定理）** 设 H 为 Hilbert 空间，f 为 H 上任一有界线性泛函，则 $\forall x \in H$，存在唯一 $y \in H$，使得

$$f(x) = (y,x) \tag{2-4}$$

且 $\| f \| = \| y \|$。

定义 2.2 设 A（x，y）是定义在 $H \times H$ 上的泛函，如果 A（x，y）满足下列两个条件

① $A(x, \lambda_1 y_1 + \lambda_2 y_2) = \lambda_1 A(x, y_1) + \lambda_2 A(x, y_2) \quad \forall x, y_1, y_2 \in H$

② $A(\lambda_1 x_1 + \lambda_2 x_2, y) = \lambda_1 A(x_1, y) + \lambda_2 A(x_2, y) \ \forall x_1, x_2, y \in H, \quad \lambda_1, \lambda_2 \in R$

则称 A（x，y）是定义在 $H \times H$ 上的双线性泛函。

定义 2.3 设 A（x，y）是定义在 $H \times H$ 上的泛函，如果 $\exists K > 0$，使得

$$A(x,y) \leqslant K \| x \| \| y \| \quad \forall x, y \in H \tag{2-5}$$

则称 A（x，y）是有界的；如果存在 $\exists V > 0$，使得

$$A(x,x) \geqslant V \| x \|^2 \quad \forall x \in H \tag{2-6}$$

则称 A（x，y）是强迫的。

2.1.2 L^p（Ω）空间的定义及性质

定义 2.4 设 $\Omega \subset R^n$ 为有界开集，$x = (x_1, \cdots, x_n) \in R^n$，$E(\Omega)$ 是由可测函数 $f: \Omega \to R$ 构成的等价类。对 $p \geqslant 1$ 定义下面函数空间和范数

$$L^p(\Omega)=\begin{cases}\{f\in E(\Omega)\left|\int_\Omega |f|^p\,\mathrm{d}x<\infty\}\right. & 1\leqslant p<+\infty\\ \{f\in E(\Omega)\left|\underset{x\in\Omega}{ess\sup}|f|<\infty\}\right. & p=+\infty\end{cases}\tag{2-7}$$

$$\|f\|_p=\|f\|_{L^p(\Omega)}=\begin{cases}(\int_\Omega |f|^p\,\mathrm{d}x)^{1/p} & 1\leqslant p<+\infty\\ \underset{x\in\Omega}{ess\sup}|f| & p=+\infty\end{cases}\tag{2-8}$$

称由式（2-7）和式（2-8）定义的赋范空间为$L^p(\Omega)$空间。

显然，$L^p(\Omega)$空间是一个 Banach 空间。此外，当$1<p<+\infty$时，$L^p(\Omega)$可分自反且是一致凸的。记$L^q(\Omega)$为$L^p(\Omega)$的共轭空间，其中$q=\dfrac{p}{p-1}$称为p的共轭指数，设$F\in L^q(\Omega)$，则$\exists v\in L^q(\Omega)$，使得$\forall u\in L^p(\Omega)$，有$F(u)=\int_\Omega uv\mathrm{d}x$。

定义 2.5 当$p=q=2$时，定义空间$L^2(\Omega)$上的内积

$$<u,v>=\int_\Omega uv\mathrm{d}x,\ \forall\, u,v\in L^2(\Omega)\tag{2-9}$$

则$L^2(\Omega)$为 Hilbert 空间。

2.1.3 Sobolev 空间的定义及性质

记$D^\alpha=D_1^{\alpha_1}\cdots D_n^{\alpha_n}$，$D_i=\dfrac{\partial}{\partial x_i}$，$\alpha=(\alpha_1,\cdots,\alpha_n)$和$|\alpha|=\sum_{i=1}^n\alpha_i$。

定义 2.6 设$1\leqslant p<+\infty$，$k\in Z^+\cup\{0\}$，对集合$\{u\,|\,u\in W_p^k(\Omega),\forall|\alpha|\leqslant k,$ $D^\alpha u\in L^p(\Omega)\}$赋予范数

$$\|u\|_{k,p,\Omega}=\|u\|_{W_p^k(\Omega)}=\left\{\int_\Omega\sum_{|\alpha|\leqslant k}\|D^\alpha u\|_{L^p(\Omega)}^p\mathrm{d}x\right\}^{1/p}\tag{2-10}$$

或

$$\|u\|_{k,\infty,\Omega}=\max_{|\alpha|\leqslant k}\|D^{\alpha}u\|_{L^{\infty}(\Omega)} \tag{2-11}$$

称赋予范数（2-10）或（2-11）的线性空间为 Sobolev 空间 $W_p^k(\Omega)$。

显然，Sobolev 空间 $W_p^k(\Omega)$ 是 Banach 空间；当 $k=0$ 时，$W_p^0(\Omega)=L^p(\Omega)$；当 $p=2$ 时，$\forall u,v\in W_p^k(\Omega)$，定义内积

$$<u,v>_{k,\Omega}=\int_{\Omega}\sum_{|\alpha|\leqslant k}D^{\alpha}uD^{\alpha}v\,\mathrm{d}x \tag{2-12}$$

则 $W_p^k(\Omega)$ 为 Hilbert 空间，简记为 $H^k(\Omega)$。

定理 2.3 当 $p\geqslant 1$ 时，$W_p^k(\Omega)$ 是可分的；当 $1<p<\infty$ 时，$W_p^k(\Omega)$ 是自反且一致凸的。

引入函数空间 $C^m(\Omega)=\{\varphi\,|\,\varphi$ 的直到 m 阶的偏导数在 Ω 上连续$\}$，$C^{\infty}(\Omega)=\bigcap_{m=0}^{\infty}C^m(\Omega)$ 及 $C_0^{\infty}(\Omega)=\{u\in C^{\infty}(\Omega)\,|\,Supp\ u\subseteq\Omega\}$，其中 *supp* $\varphi=\overline{\{x\in\Omega\,|\,\varphi(x)\neq 0\}}$ 为连续函数φ的支集。则有下面定理成立。

定理 2.4 ① $C^{\infty}(\Omega)\cap W_p^k(\Omega)$ 在 $W_p^k(\Omega)$ $(1<p<\infty)$ 中稠密；

② $C_0^{\infty}(\Omega)$ 是 $L^p(\Omega)$ $(1<p<\infty)$ 的稠密子集。

定义 2.7 称函数空间 $C_0^{\infty}(\Omega)$ 在 $W_p^k(\Omega)$ 中闭包为 $\overset{0}{W}{}_p^k(\Omega)$ 空间，即

$$\overset{0}{W}{}_p^k(\Omega)=\{u\in W_p^k(\Omega)\,|\,\exists u_k\in C_0^{\infty}(\Omega),\|u_k-u\|_{W_p^k(\Omega)}\xrightarrow{k\to\infty}0\} \tag{2-13}$$

特别地，$\overset{0}{W}{}_2^k(\Omega)$ 是 Hilbert 空间，简记为 $H_0^k(\Omega)$。

定义 2.8 设 $k\in Z^+$，$1<p$，$q<\infty$，如果 $\dfrac{1}{p}+\dfrac{1}{q}=1$，则称 $W_p^q(\Omega)$ 为 $\overset{0}{W}{}_p^k(\Omega)$ 的共

轭空间。

定义 2.9 设 $Q_T=\Omega\times(0,T)$，对函数集合 $\{u\,|\,u,u_x\in L^2(Q_T)\}$ 赋予内积

$$(u,v)_{W_2^{1,0}(Q_T)}=\iint_{Q_T}(uv+u_{x_i}v_{x_i})\,\mathrm{d}x\mathrm{d}t \tag{2-14}$$

记赋予内积（2-14）后得到的 Hilbert 空间为 $W_2^{1,0}(Q_T)=L^2[(0,T);W_2^1(\Omega)]$。

定义 2.10 设 $Q_T=\Omega\times(0,T)$，对函数集合 $\{u\,|\,u,u_x,u_t\in L^2(Q_T)\}$ 赋予内积

$$(u,v)_{W_2^{1,1}(Q_T)}=\iint_{Q_T}(uv+u_{x_i}v_{x_i}+u_tv_t)\,\mathrm{d}x\mathrm{d}t \tag{2-15}$$

记赋予内积（2-15）后得到的 Hilbert 空间为 $W_2^{1,1}(Q_T)$。

定义 2.11 对集合 $W_2^{1,0}(Q_T)\cap L^{2,\infty}(Q_T)$ 赋予内积

$$\|u\|_{V_2(Q_T)}=\sup_{0\leqslant t\leqslant T}\|u(x,t)\|_{2,\Omega}+\left(\iint_{Q_T}|u_x|^2\mathrm{d}x\mathrm{d}t\right)^{\frac{1}{2}} \tag{2-16}$$

记赋予内积（2-16）后得到的 Banach 空间为 $V_2(Q_T)=L^\infty[(0,T);\ L^2(\Omega)]\cap W_2^{1,0}(Q_T)$。

定理 2.5（嵌入定理） 设 $\Omega\subset R^n$ 为有界开集，$1\leqslant p<\infty$，则

$$\overset{0}{W}{}_p^1(\Omega)\subset\begin{cases}C(\overline{\Omega}) & p>n\\ L^s(\Omega) & p=n,\ 1\leqslant s<\infty\\ L^{np/(n-p)}(\Omega) & p<n\end{cases} \tag{2-17}$$

且 $\forall u\in\overset{0}{W}{}_p^1(\Omega)$，$\exists C(n,p)$ 使得

$$\begin{aligned}&\sup_{\Omega}|u|<C|\Omega|^{\frac{1}{n}-\frac{1}{p}}\|u_x\|_p && p>n\\ &\|u\|_s\leqslant C\|u_x\|_p && p=n,1\leqslant s<\infty\\ &\|u\|_{\frac{np}{n-p}}\leqslant C\|u_x\|_p && p<n\end{aligned} \tag{2-18}$$

即当 $p>n$ 时，$\overset{0}{W}{}_p^k(\Omega) \hookrightarrow C(\overline{\Omega})$（$\hookrightarrow$表示连续嵌入算子）；当 $p=n$ 时，$\overset{0}{W}{}_p^k(\Omega) \hookrightarrow L^s(\Omega)$；当 $p<n$ 时，$\overset{0}{W}{}_p^k(\Omega) \hookrightarrow L^{np/(n-p)}(\Omega)$。

推论 2.1 设$\Omega \subset R^n$为有界开集，$1 \leqslant p < \infty$，则

$$\overset{0}{W}{}_p^k(\Omega) \hookrightarrow \begin{cases} C^m(\overline{\Omega}) & 0 \leqslant m < k - \dfrac{n}{p} \\ L^s(\Omega) & kp = n, 1 \leqslant s < \infty \\ L^{np/(n-p)}(\Omega) & kp < n \end{cases} \tag{2-19}$$

定理 2.6 设$C_B^m(\Omega) = \{u \in C^m(\Omega) \mid D_\alpha u \in L_\infty(\Omega), |\alpha| \leqslant m\}$，则

$$\overset{0}{W}{}_p^k(\Omega) \hookrightarrow \begin{cases} C_B^m(\Omega) & 0 \leqslant m < k - \dfrac{n}{p} \\ L^s(\Omega) & kp = n, 1 \leqslant s < \infty \\ L^{np/(n-p)}(\Omega) & kp < n \end{cases} \tag{2-20}$$

2.2 抛物型方程弱解的存在唯一性

2.2.1 弱解的定义

设$\Omega \subset R^n$为具有光滑边界（$\partial\Omega$）的有界区域，$I=(0,T)$为所考虑的时间段，$Q_T = \Omega \times I$，考虑下面非线性热传导方程的初边值问题

$$\frac{\partial u}{\partial t} - \sum_{i,j=1}^{n} \frac{\partial}{\partial x_i}\left\{ a_{ij}[x,t,u(x,t)] \frac{\partial}{\partial x_j} u(x,t) \right\} = f(x,t), \quad (x,t) \in Q_T \tag{2-21}$$

$$u|_\Gamma = 0, \quad \Gamma = \partial\Omega \times \bar{I} \tag{2-22}$$

$$u(x,0)=u_0(x)\text{，}\quad x\in\Omega \tag{2-23}$$

式中，$a_{ij}[x,t,u(x,t)], f(x,t)\in L^\infty(Q_T)$。

下面给出问题（2-21）～（2-23）的弱解定义。

定义 2.12 函数$u(\cdot)\in L^2[0,T;H_0^1(\Omega)]$称为是问题（2-21）～（2-23）的弱解当且仅当$\forall\varphi\in C^\infty(Q_T)$，$\varphi(x,T)=0$且$\forall x\in\partial\Omega$，$\varphi(x,t)=0$，有下列等式成立

$$\begin{aligned}&-\int_{Q_T}u(x,t)\varphi_t(x,t)\mathrm{d}x\mathrm{d}t+\int_{Q_T}\sum_{i,j=1}^n a_{ij}[x,t,u(x,t)]\frac{\partial}{\partial x_j}u(x,t)\frac{\partial}{\partial x_i}\varphi(x,t)\mathrm{d}x\mathrm{d}t\\&=\int_\Omega u_0(x)\varphi(x)\mathrm{d}x+\int_{Q_T}f[x,t,u(x,t)]\varphi(x,t)\,\mathrm{d}x\mathrm{d}t\end{aligned} \tag{2-24}$$

定理 2.7 设 Hilbert 空间H，V满足以下条件

①$V\hookrightarrow H$且V在H中稠密；

②$\forall u\in V$有$\|u\|_H=0\Rightarrow\|u\|_V=0$。

定义空间

$$W=W(I;V)=\{v\in L^2(I;V)\mid v'=\frac{\mathrm{d}v}{\mathrm{d}t}\in L^2(I;V')\} \tag{2-25}$$

对空间$W(I;V)$赋予下面范数

$$(u,v)_W=\int_I[(u,v)_V+(u,v)_{V'}]\mathrm{d}t \tag{2-26}$$

并定义内积

$$\|u\|_W^2=(u,v)_W \tag{2-27}$$

则空间$W(I;V)$是 Hilbert 空间。

定理 2.8 **（分部积分公式）**设$-\infty<a<b<+\infty$，$u,v\in W(a,b;V)$，则有

$$\int_a^b[u'(t),v(t)]_W\mathrm{d}t+\int_a^b[u(t),v'(t)]_W\mathrm{d}t=[u(b),v(b)]_W-[u(a),v(a)]_W \tag{2-28}$$

2.2.2 弱解的存在唯一性

定理 2.9 **（Lions 定理）**设F为关于范数$\|\cdot\|_F$的 Hilbert 空间，$\Phi\subset F$且关

于范数$\|\cdot\|_\Phi$为内积空间，$E(u,\varphi)$是定义在$F\times\Phi$上的共轭双线性型。如果存在常数C使得$\forall\varphi\in\Phi$，$\|u\|_F\leqslant C\|\varphi\|_\Phi$且$E(\cdot,\varphi)$在$F$上连续，则$\exists a>0$，使$\forall\varphi\in\Phi$，有

$$\operatorname{Re}E(\varphi,\varphi)\geqslant a\|\varphi\|_\Phi^2 \tag{2-29}$$

另设L为空间Φ上的有界共轭线性泛函，则$\exists u\in F$，使得$\forall\varphi\in\Phi$，有$E(u,\varphi)=L(\varphi)$。

当$\Phi=F$时，从 Lions 定理可得 Lax-Milgram 定理。

定理 2.10 （Lax-Milgram 定理）设H，V为可分 Hilbert 空间，且满足条件

$$V\hookrightarrow H\text{；}V\text{在}H\text{中稠密；}\|u\|_H=0\Rightarrow\|u\|_V=0 \tag{2-30}$$

另设$\forall t\in I=[0,T]$，$a(t,u,v)$是V上的一个共轭双线性型，且满足下列条件

①（可测性）$\forall u,v\in V$，$a(\cdot,u,v)$在$(0,T)$上可测。

②（有界性）存在与$\forall t\in I$无关的常数M，使$|a(t,u,v)|\leqslant M\|u\|\|v\|$, a.e. $t\in I$，$\forall u,v\in V$。

③（强制性）如果$\exists\lambda,a>0$和$b>0$使得$\operatorname{Re}a(t,v,v)+\lambda|v|^2\geqslant b\|v\|^2$，$\forall v\in V$, a.e. $t\in I$。

则存在与$a(t,u,v)$相应算子$A(t)$满足

$$a(t,u,v)=[A(t)u,v] \tag{2-31}$$

且$\forall f\in L^2(I;V')$和$u_0\in H$，存在唯一弱解$u\in W(I;V)$满足

$$\begin{cases}u'(t)+A(t)u(t)=f(t), & \text{a.e.}\quad t\in[0,T]\\ u(0)=u_0\end{cases} \tag{2-32}$$

定理 2.11 （Garding 不等式）考虑共轭双线性型

$$a(u,v)=\int_\Omega[a_{ij}(x)D_iuD_j\bar{v}+b_i(x)(D_iu)\bar{v}+c(x)u\bar{v}]\,\mathrm{d}x \tag{2-33}$$

设$a(u,v)$的系数满足下列条件

①一致强椭圆条件，即存在常数$a>0$，使得$\forall\xi\in R^n$，有

$$\sum_{i,j=1}^n a_{ij}(x)\xi_i\xi_j\geqslant a|\xi|^2,\ \text{a.e.}\quad x\in\Omega \tag{2-34}$$

②存在常数$K>0$，使得

$$\sum_{i,j=1}^{n}\left|a_{ij}(x)\right|^2 \leqslant K^2, \text{ a.e. } x\in\Omega \tag{2-35}$$

③存在常数$k>0$，使得

$$a^{-2}\sum_{i=1}^{n}\left|b_i(x)\right|^2 + a^{-1}\left|c(x)\right| \leqslant k^2, \text{ a.e. } x\in\Omega \tag{2-36}$$

则$\exists\delta>0$和$\lambda\geqslant 0$使得

$$a(u,u)+\lambda\|u\|_0^2 \geqslant \delta\|u\|_1^2,\ \forall u\in H_0^1(\Omega) \tag{2-37}$$

2.3 约束优化问题的最优性条件

设 $f, g_i, h_j : R^n \to R$ 为连续函数，$i=1,2,\cdots,m_e$，$j=m_e,m_e+1,\cdots,m$，$1\leqslant m_e\leqslant m$，$m_e,m\in Z^+$，考虑下面约束最优化问题

$$\begin{aligned}&\min_{x\in R^n} f(x)\\ &\text{s.t. } g_i(x)=0 \qquad i=1,2,\cdots,m_e\\ &\quad\ h_j(x)\geqslant 0 \qquad j=m_e+1,\cdots,m\end{aligned} \tag{2-38}$$

定义 2.13 如果$x\in R^n$满足问题（2-38）的约束条件，则称x为问题（2-38）的可行点；记问题（2-38）的所有可行点构成的集合为$X=\{x\,|\,g_i(x)=0, i=1,2,\cdots,m_e;$ $h_j(x)\geqslant 0, j=m_e+1,\cdots,m\}$，并称$X$为问题（2-38）的可行域。

定义 2.14 设$x,x^*\in X$，如果$\exists\delta>0$，使得$\|x-x^*\|<\delta$且$f(x^*)\leqslant f(x)$，则称x^*是问题（2-38）的局部极小点。如果$x\neq x^*$且$f(x^*)<f(x)$，则称x^*是问题（2-38）的严格局部极小点。

定义 2.15 如果$\forall x\in X$，$\exists x^*\in X$，使得$f(x^*)\leqslant f(x)$，则称x^*是问题（2-38）的全局（整体）极小点。如果$x\neq x^*$且$f(x^*)<f(x)$，则称x^*是问题（2-38）的严格（整体）全局极小点。

定理 2.12（一阶必要条件） $f, g_i, h_j : D\to R$连续可微，$D\subset X$为开集，如果x^*为问题（2-38）的局部极小点，则$\exists\lambda_0^*\geqslant 0$，$\lambda^*\in R^m$，使得

$$
\begin{aligned}
&\lambda_0^* \nabla f(x^*) - \sum_{i=1}^{m_e} \lambda_i^* \nabla g_i(x^*) - \sum_{j=m_e+1}^{m} \lambda_j^* \nabla h_j(x^*) = 0 \\
&\lambda_i^* \nabla g_i(x^*) = 0, \lambda_j^* \geqslant 0 \qquad i = 1, 2, \cdots, m_e \\
&\lambda_j^* \nabla h_j(x^*) = 0, \lambda_j^* \geqslant 0 \qquad j = m_e + 1, \cdots, m \\
&\sum_{i=1}^{m} (\lambda_i^*)^2 > 0
\end{aligned}
\tag{2-39}
$$

2.4 极大函数与 Gâteaux（Fréchet）微分

2.4.1 极大函数的性质

定义 2.16 设集值映射 $f: R^n \to 2^{R^m}$，在点 $\tilde{x}$ 处 $f(\tilde{x})$ 是闭集，S 为满足 $f(\tilde{x}) \cap S = \varnothing$ 的紧集，如果 $\exists \tilde{\rho} > 0$，使得 $\forall x \in B(\tilde{x}, \tilde{\rho})$，有 $f(x) \cap S = \varnothing$，则称 f 在点 $\tilde{x}$ 处外半连续；如果 $\forall x \in R^n$，集值映射 $f: R^n \to 2^{R^m}$ 都是外半连续的，则称 f 在 R^n 上是外半连续的（o.s.c.）。

定义 2.17 设 $f: R^n \to 2^{R^m}$ 为集值映射，G 为满足 $f(\tilde{x}) \cap G \neq \varnothing$ 的开集，如果 $\exists \tilde{\rho} > 0$，使得 $\forall x \in B(\tilde{x}, \tilde{\rho})$，有 $f(x) \cap G \neq \varnothing$，则称 f 在点 $\tilde{x}$ 处内半连续；如果 $\forall x \in R^n$，集值映射 $f: R^n \to 2^{R^m}$ 都内半连续，则称 f 在 R^n 上是内半连续的（i.s.c.）。

定义 2.18 称既外半连续又内半连续的集值映射 $f: R^n \to 2^{R^m}$ 为连续的。

定理 2.13 设映射 $\phi: R^n \times R^m \to R$ 连续，集值映射 $Y: R^n \to 2^{R^m}$ 外半连续，定义函数 $\varphi: R^n \to R$

$$
\varphi(x) = \max_{y \in Y(x)} \phi(x, y) \tag{2-40}
$$

如果 $\forall X \subset R^n$ 有界，$\exists \alpha > 0$，使得 $\forall x \in X$，有

$$
\| \arg \max_{y \in Y(x)} \phi(x, y) \| \leqslant \alpha \tag{2-41}
$$

则 $\varphi(\cdot)$ 是外半连续的。

定理 2.14 设映射$\phi:R^n \times R^m \to R$连续，集值映射$Y:R^n \to 2^{R^m}$是连续的紧值映射，函数$\varphi:R^n \to R$由式（2-40）定义，定义下面集值映射

$$\tilde{Y}(x)=\{y \in Y(x) \mid \varphi(x)=\phi(x,y)\} \tag{2-42}$$

则$\tilde{Y}(x)$外半连续且为紧值映射。另外，如果$\tilde{Y}(x)=\{\tilde{y}\}$是独点集，则$\tilde{Y}(x)$在$x$处连续。

定理 2.15 定义函数$\varphi:R^n \to R$

$$\varphi(x)=\max_{j \in I_P} \varphi^j(x) \tag{2-43}$$

式中，$I_P=\{1,2,\cdots,q\}$，且

$$\varphi^j(x)=\max_{j \in Y_j} \phi^j(x,y) \tag{2-44}$$

如果$\forall j \in I_P$，函数$\phi^j:R^n \times R^{m_j} \to R$连续，$Y_j \subset R^{m_j}$为紧集，且梯度$\phi_x^j(\cdot,\cdot)$存在连续，次梯度$\partial\varphi(x)$外半连续，则$\forall x,h \in R^n$，方向导数$\mathrm{d}\varphi(x;h)$存在且可以用下面形式表示

$$\mathrm{d}\varphi(x;h)=\max_{\xi \in \partial\varphi(x)} <\xi,h>=\max_{j \in I_P} \mathrm{d}\varphi^j(x;h) \tag{2-45}$$

2.4.2 Gâteaux（Fréchet）微分

定义 2.19 设V是实赋范空间，

①如果存在有界线性算子$f_x(x^*):V \to R^m$，使得$\forall \delta x \in V$，有

$$\lim_{\lambda \downarrow 0} \frac{\left\| f(x^*+\lambda\delta x)-f(x^*)-\lambda f_x(x^*)\delta x \right\|}{\lambda}=0 \tag{2-46}$$

则称连续函数$f:V \to R^m$在点$x^* \in V$处 Gâteaux 可微，并称$f_x(x^*)$为$f(\cdot)$在点x^*处的 Gâteaux 导数。设$S \subset V$，如果$\forall x \in S$，$f(x)$都是 Gâteaux 可微的，则称$f(x)$在S上是 Gâteaux 可微的。

②设函数$f:V \to R^m$连续，$f(x)$在点$x^* \in V$处 Gâteaux 可微，$f_x(x^*)$是$f(x)$在

点 x^* 处的 Gâteaux 导数且具有下面性质

$$\lim_{\delta x\downarrow 0}\frac{\left\|f(x^*+\delta x)-f(x^*)-f_x(x^*)(\delta x)\right\|}{\left\|\delta x\right\|}=0 \tag{2-47}$$

则称 $f(x)$ 在点 $x^*\in V$ 处是 Fréchet 可微的，称 $f_x(x^*)$ 是 $f(x)$ 在点 x^* 处的 Fréchet 导数。

③通常记 $f_x(x^*)y=f_x(x^*)(y)$，且称函数 $Df:V\times V\mapsto R^m$ 为函数 $f(x)$ 的 Gâteaux（Fréchet）微分，即 $Df(x;y)=f_x(x)y$。

定理 2.16 设 $S\subset X$ 为非空开集，给定算子 $f:S\to Y$，如果 $\forall x\in S$，$f(x)$ 在点 x 处的 Fréchet 导数都存在，则 $f(x)$ 在点 x 处 Gâteaux 可微，并且 $f(x)$ 的 Gâteaux 和 Fréchet 导数相等。

2.5 概率分布和密度及统计分析

定义 2.20 设 S 是随机试验 E 的样本空间，是 E 的一个事件，对事件 A 赋予一个实数 $P(A)$，称为事件 A 发生的概率。如果存在集合函数 $P(\cdot)$ 满足

①非负性：$\forall A\in S$，有 $P(A)\geqslant 0$；

②规范性：对必然事件 S，有 $P(S)=1$；

③可列可加性：设 $A_1,A_2\cdots$ 是 E 的事件，且 $\forall i\neq j$，有 $A_i\cap A_j=\varnothing$，$i=1,2,\cdots,n$；则有：$P(A_1\cup A_2\cup\cdots)=P(A_1)+P(A_2)+\cdots$。

定义 2.21 设随机变量 X 和任意实数 x，称函数 $F(x)=P(X\leqslant x)$ 为 X 的分布函数。

定理 2.17 分布函数的基本性质

① $F(x)$ 为不减函数；

② $0\leqslant F(x)\leqslant 1$，且有 $F(-\infty)=\lim\limits_{x\to-\infty}F(x)=0$ 和 $F(+\infty)=\lim\limits_{x\to+\infty}F(x)=1$；

③ $F(x+0)=F(x)$，即 $F(x)$ 右连续。

定义 2.22 设随机变量 X 及其分布函数 $F(x)$，如果存在函数 $f(x)\geqslant 0$，使得

任意实数 x，有

$$F(x)=\int_{-\infty}^{x}f(y)\,\mathrm{d}y \tag{2-48}$$

则称 X 为连续随机变量，$f(x)$ 为 X 的概率密度函数，简称概率密度。

定理 2.18 概率密度 $f(x)$ 的基本性质

① $f(x)\geqslant 0$；

② $\int_{-\infty}^{+\infty}f(x)\mathrm{d}x=1$；

③ $\forall x_1,x_2\in R$ 且 $x_1\leqslant x_2$，有

$$P\{x_1\leqslant x\leqslant x_2\}=F(x_2)-F(x_1)=\int_{x_1}^{x_2}f(x)\,\mathrm{d}x \tag{2-49}$$

④如果 $f(x)$ 在点 x 处连续，则有 $F'(x)=f(x)$。

下面给出本书中用到的概率密度。

定义 2.23 假设 $\theta>0$ 为常数，如果连续随机变量 X 的概率密度函数 $f(x)$ 具有以下形式

$$f(x)=\begin{cases}1/\theta\mathrm{e}^{-x/\theta} & x>0\\ 0 & x\leqslant 0\end{cases} \tag{2-50}$$

则称变量 X 服从参数为 θ 的指数分布。

定义 2.24 如果连续随机变量 X 的对数服从正态分布，则称 X 服从对数正态分布，概率密度为

$$f(x;\mu,\sigma)=\frac{1}{\sqrt{2\pi}\sigma x}\exp\left[-\frac{(\ln x-\mu)^2}{2\sigma^2}\right] \tag{2-51}$$

式中，μ、σ 分别为 $\ln x$ 的均值和标准差。

设 X_1，X_2，…，X_n 是来自总体 X 的样本，x_1，x_2，…，x_n 为对应的样本观测值，给出以下几个统计量定义。

定义 2.25 **（样本均值）** $\bar{X}=\frac{1}{n}\sum_{i=1}^{n}x_i$ 。

定义 2.26 **（样本方差）** $S^2=\frac{1}{n-1}\sum_{i=1}^{n}(x_i-\bar{X})^2=\frac{1}{n-1}\left(\sum_{i=1}^{n}x_i{}^2-n\bar{X}^2\right)$。

定义 2.27 **（样本标准差）** $S=\sqrt{S^2}=\sqrt{\frac{1}{n-1}\sum_{i=1}^{n}(x_i-\bar{X})^2}$ 。

定义 2.28 **（置信区间）** 设总体 X 的分布函数 $F(x,\theta)$，其中 $\theta\in\Theta$（Θ 是 θ 的可能取值构成的集合）为未知参数，$\underline{\theta}=\underline{\theta}(X_1,X_2,\cdots,X_n)$ 和 $\bar{\theta}=\bar{\theta}(X_1,X_2,\cdots,X_n)$ 是由来自 X 的样本 X_1, X_2, …, X_n 确定的两个统计量（$\underline{\theta}<\bar{\theta}$），给定 α（$0<\alpha<1$）。如果 $\forall\theta\in\Theta$ ，有

$$P\{\underline{\theta}(X_1,X_2,\cdots,X_n)<\theta<P[\bar{\theta}(X_1,X_2,\cdots,X_n)]\}\geqslant 1-\alpha$$

则称（$1-\alpha$）为置信水平，随机区间 $[\underline{\theta},\bar{\theta}]$ 是参数 θ 的置信区间，$\underline{\theta}$ 和 $\bar{\theta}$ 分别称为置信下限和置信上限。

3 北极海冰热力学系统的区域参数辨识和数值模拟

本章依据分布参数系统的参数辨识和最优控制理论，针对北极海冰热力学过程，对时变区域上的雪-冰-海水耦合系统进行了研究。基于傅里叶定律和能量守恒定律，构造了能够描述雪、冰和海水热力学特征的分片光滑的抛物型分布参数系统，证明了该系统弱解的存在唯一性和解对辨识参数的连续依赖性；以不可微函数的优化理论和方法为工具，分析并得到了系统及其弱解的一些基本性质；针对耦合热力学系统的极大不可微性，采用非重叠区域分解，使每个子区域充分光滑；在内边界上引入连续性条件，将分片光滑分布参数系统的抛物型方程定解问题转化为一个参数辨识模型，该模型以各个子区域的温度为状态变量，以雪厚和冰厚为辨识参数，以模拟和实测冰温偏差为性能指标；证明了辨识模型最优参数的存在性，并导出了一阶最优性条件；构造了优化算法，并依据中国第二次北极科学考察现场测得的雪、冰、海水温度进行了数值模拟，得到了海冰温度场关于时间和空间的数值结果。

3.1 引言

北极地区海冰作为地球上的巨大冷源，其时空分布和变化不仅直接影响海洋环流，而且对全球环境变化有着举足轻重的影响[17]。海冰范围的变化可通过影响极地大气冷源的强度进而影响大气环流，其地理分布可导致极地各区域海冰对大气环流的影响。另外，海冰是开辟经济可行的北极航道的重要障碍之一。夏季巨大的冰盖不仅影响船只的正常航行，而且很多区域必须借助破冰船才能通过。同时，海冰也是海岸和港口工程结构设计中必须考虑的一个重要因素。因此，极地海冰的研究已引起各界研究学者的广泛关注。但由于受自然条件和测量技术的限制，很多时候无法测得连续、可靠的海冰参数。参数辨识方法不但有助于我们理解海冰参数的物理机制和变化情况，还可用于海冰和气候预报[102]。

国内外学者根据海冰的热力、动力学原理先后研制和发展了各种类型海冰数值模式（热力模式、动力模式、动力-热力模式等），并将这些模式用于两极海冰地球物理学性质和全球气候研究，其中热力模式主要研究海冰的热力过程。Maykut 等[103]充分考虑了冰上的雪盖、冰内盐度和卤水泡及太阳透射和辐射的影响，首次提出了综合的一维海冰热力学模式（MU 模式），并用于北极海冰模拟，计算结果（平均冰厚、冰面消融量及冰内温度特征）与现场观测值吻合良好。但是没有考虑大气和海洋通量的影响。Semtner[104]假定雪、冰导热系数均为常值，简化了 MU 模式，并改进了差分方案，使其适用于三维模拟，虽然这种简化模式已被广泛应用于气候模拟，但是受地理环境等因素的影响，缺乏有效性。Parkison 等[105]综合考虑了冰面或雪面和海洋、大气间的热量输送，以及冰底、冰侧与水的热量输送，并且基于“自由漂移”海冰动力学过程，发展了三维大尺度海冰模式，以模拟两极海冰漂移、冰厚分布和季节变化。Hibler[106]将热力学、动力学计算结合起来，建立了海冰热力-动力模式，并首次利用有限差分法进行数值模拟。Bryan[27]针对冰-海耦合模式的模拟结果中北大西洋冬季冰量过多的问题，综合考虑冰上雪盖、冰下海水及冰内热贮量的影响，较好地解决了这一问题。Salas-Mèlia[107]深入研究并改进了冰-海耦合模型，该模型很好地解释了冰内的热传导和热储存、雪层的融化及雪冰的形成过程。目前，海冰热力学过程的参数辨识和数值模拟已经比较全面和细致[108,109]。国内关于海冰热动力过程的研究起步于 20 世纪 90 年代。吴辉碇[33]对海冰热力和动力过程进行了分析，给出了海冰动力过程的数学处理方法；苏洁等[35]认为冰-水间的热动量交换是双向的，冰厚和冰密集度的变化不仅受冰面和冰底的热收支影响，而且受开阔水表面的热收支影响，并针对渤海的水文、气象和冰情特征，构造了新的冰-海耦合模式。另外，程斌[31]采用积分插值法构造了守恒型数值计算格式；刘钦政等[34]根据冰-海耦合系统的能量收支关系，分析了海洋混合层热力结构及海冰的发展情况，简化了冰-海热力耦合模式并用于全球冰-海耦合模式的数值试验。

由于极地自然环境的恶劣性、复杂性和海冰分布的不均匀性，其气象水文数据较难取得，因此，对海冰温度场的数值模拟还存在一些难度，且由于冰厚在大尺度、长时间的数值模拟过程中连续不断变化，模拟得到的冰温及海冰物理参数和实测数据还存在较大偏差。因此，在数值计算中引入雪、冰厚度的变化，不但能够更好地描述雪、冰厚度分布对海冰热动力学过程的影响，并且有助于更精确地进行数值模拟。

本章从能量守恒定律和傅里叶定律出发，针对北极海冰热力学过程，建立了时变区域上的雪-冰-海水耦合系统（分片光滑的抛物型分布参数系统）及其参数辨识模型，证明了系统弱解的存在唯一性和解对辨识参数的连续依赖性；重点讨论了该系统的参数辨识问题；利用不可微函数的优化理论和方法分析并得到了系统及其弱解的一些基本性质；针对该耦合热力系统的极大不可微性，采用非重叠区域分解法，使每个子区域具有充分光滑的边界；在内边界上引入连续性条件，将抛物型方程定解问题转化为以各个子区域的温度为状态变量，以雪厚、冰厚为辨识参数，以模拟和实测冰温偏差为性能指标的参数辨识模型；证明了辨识模型最优参数的存在性，并导出了一阶最优性条件；最后构造了优化算法，并通过实际算例验证了所建模型及算法的合理性和有效性。

3.2　时变区域上的海冰热力学系统

海冰的存在阻碍了大气、海水之间的热量交换，减少了两者之间的感热和潜热传递，并导致全球海洋环流发生变化。另外，冰面较强的反射作用使海冰覆盖区域吸收的太阳短波辐射减少，进而改变大气边界层的热状况。大气的运动状况对海冰的热力学特性有重要影响，如中高纬度和两极地区的海冰由于受大气季节性变化的影响而产生冻结和消融。

由于水平方向上的热传导远小于垂直方向的热传导，海冰的热传导过程基本可以看作一个垂直方向上的多层热交换过程（图 3-1）。

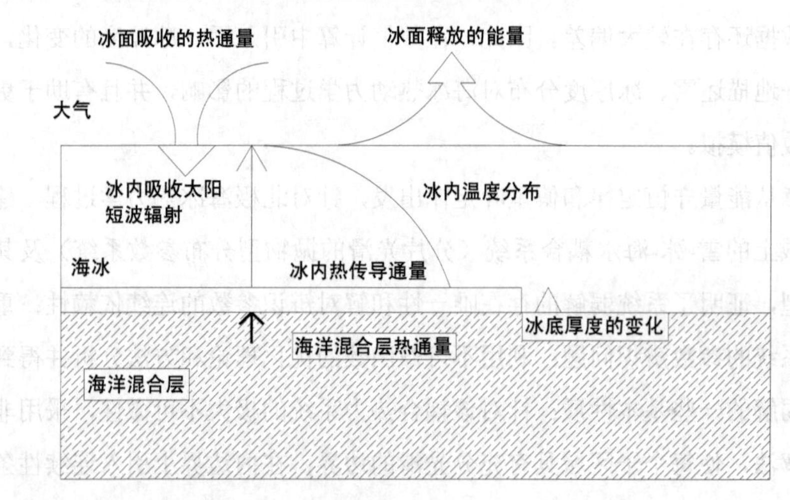

图 3-1　海冰内部及大气和海洋垂直方向的热通量示意图[31]

根据傅里叶定律和能量守恒定律，海冰热力模式是建立在冰内热扩散和热传导基础上的热扩散方程[110]：

$$\partial(\rho_{\mathrm{ice}} \cdot c_{\mathrm{ice}} \cdot T_{\mathrm{ice}}) / \partial t = \nabla \cdot (k_{\mathrm{ice}} \cdot \nabla T_{\mathrm{ice}}) + q \tag{3-1}$$

式中，ρ_{ice}、c_{ice}、k_{ice} 分别表示海冰的密度、比热和热传导系数；T_{ice} 表示海冰温度；q 表示冰内热源项，它是关于太阳波长、入射角和介质物理特性的函数。

由于海冰的热传导过程基本上是一个垂直方向上的热交换过程，因此可将式（3-1）表示为

$$\partial\left(\rho_{\text{ice}}\cdot c_{\text{ice}}\cdot T_{\text{ice}}\right)/\partial t=\partial\left(k_{\text{ice}}\cdot\partial T_{\text{ice}}/\partial x\right)/\partial x+q \tag{3-2}$$

对于中高纬度地区冬季的海冰和两极地区夏季的融冰月份，冰内热传导和扩散过程不但受太阳短波辐射通量的影响，而且受内部卤水泡的影响。卤水泡的大小和浓度变化不但会导致海冰融点改变，而且可以延缓热传导过程中的冰温变化。因此，海冰的热容量和热传导率既是冰内温度的函数，也是盐度的函数，可以将冰内热扩散方程表示为[110]

$$\rho c(x,t)\cdot\partial T_{\text{ice}}/\partial t=\partial/\partial x\cdot\left[K(x,t)\cdot\partial T_{\text{ice}}/\partial x\right]+Q_{\text{ice}}\cdot\left(1-\alpha_{\text{ice}}\right)\cdot\gamma_{\text{ice}}\cdot I_{\text{ice}-0}\cdot\mathrm{e}^{-\gamma_{\text{ice}}\cdot x} \tag{3-3}$$

式中，

$$\rho c\left(x,t\right)=\rho_{\text{ice}}\cdot c_{\text{ice}}+\lambda\cdot S_{\text{ice}}\left(x\right)/\left(T_{\text{ice}}-273.15\right)^{2}$$
$$K\left(x,t\right)=k_{\text{ice}}\cdot+\beta\cdot S_{\text{ice}}\left(x\right)/\left(T_{\text{ice}}-273.15\right)$$

式中，λ 和 β 为常数；$S_{\text{ice}}(x)$ 为垂直方向上的冰内盐度分布。这里对 $S_{\text{ice}}(x)$ 进行参数化，并将它表示为海冰厚度 H_{ice} 的函数，即当冰厚 $H_{\text{ice}}\leqslant 0.57$ m 时，取平均盐度 $S_{\text{ice}}=14.24-19.39H_{\text{ice}}$[111]，对较厚的海冰（$H_{\text{ice}}>0.57$ m），则取平均盐度为 $S_{\text{ice}}=3.2$[112]。方程（3-3）中右端最后一项为冰内的太阳辐射吸收量，Q_{ice} 为到达冰面的太阳短波辐射，α_{ice} 为冰面反照率，$I_{\text{ice}-0}$ 和 γ_{ice} 分别为冰层透射率和消光系数，这些参数均受天气状况和表面特征的影响。

冬季，由于冰内热扩散受不同程度降雪的影响，因此当冰面被积雪覆盖时，应考虑雪层内的热扩散方程

$$\rho_{\text{snow}}\cdot c_{\text{snow}}\cdot\partial T_{\text{snow}}/\partial t=\partial/\partial x\cdot\left(k_{\text{snow}}\cdot\partial T_{\text{snow}}/\partial x\right)+Q_{\text{snow}}\cdot\left(1-\alpha_{\text{snow}}\right)\cdot\gamma_{\text{snow}}\cdot I_{\text{snow}-0}\cdot\mathrm{e}^{-\gamma_{\text{snow}}\cdot x} \tag{3-4}$$

式中，ρ_{snow}、c_{snow}、k_{snow} 分别表示雪层密度、比热和热传导系数；T_{snow} 表示雪温；Q_{snow} 表示到达雪面的太阳短波辐射；α_{snow}、$I_{\text{snow}-0}$ 和 γ_{snow} 分别表示雪面反照率、投射率和消光系数。

假设在冰雪交界处有 $T_i=T_s$，并且热传导是连续变化的[105]，即

$$k_{\text{ice}} \frac{\partial T_{\text{ice}}}{\partial x} = k_{\text{snow}} \frac{\partial T_{\text{snow}}}{\partial x} \tag{3-5}$$

除了雪层，冰底海水内部的热传导过程也需要考虑，即

$$\rho_{\text{water}} \cdot c_{\text{water}} \cdot \partial T_{\text{water}} / \partial t = \partial / \partial x \cdot \left(k_{\text{water}} \cdot \partial T_{\text{water}} / \partial x\right) \tag{3-6}$$

式中，ρ_{water}、c_{water} 和 k_{water} 分别表示冰底海水层的密度、比热和热传导系数。

本章所考察的北极海冰热力学系统是由雪层、冰层和冰底海水层组成的耦合系统（图 3-2），即为雪-冰-海水层系统，由前面分析，我们仅考虑系统在垂直方向上的热力学过程。

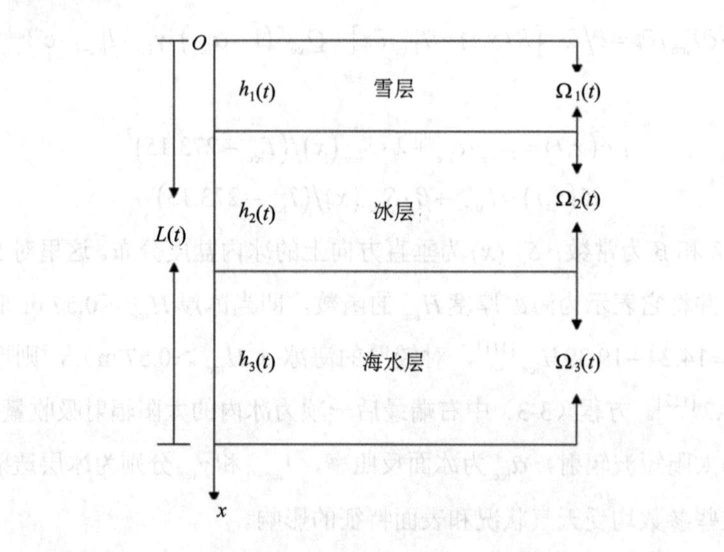

图 3-2 雪-冰-海水层系统示意图

令 t 表示时间（单位：s），观测时间段为 $[0,T]$，其中 $0<T<\infty$ 是固定正常数。令 $t \in I_T := (0,T)$。以图 3-2 中初始时刻的雪层上表面为原点 O，垂直于水平面的向下方向为坐标轴 x 的正方向，表示系统厚度（单位：m），并建立坐标系（向下为正方向）。设 $h_1(t)$、$h_2(t)$ 和 $h_3(t)$ 分别表示 $t \in I_T$ 时刻雪层厚、冰层厚、海水层厚度（单位：m），则 t 时刻系统总厚度为 $L(t) = h_1(t) + h_2(t) + h_3(t)$，海水层厚度为 $h_3(t) = L(t) - h_1(t) - h_2(t)$，显然，$h_1(t)$，$h_2(t) \in C^1(I_T; R)$。

设雪层、冰层及系统的初始厚度$h_1(0)=h_{10}$，$h_2(0)=h_{20}$和$L(0)$均为给定常数，则海水层初始厚度为$h_{30}=L(0)-h_{10}-h_{20}$。

记$\Omega_{10}=(0,h_{10}]$，$\Omega_{20}=(h_{10},h_{10}+h_{20}]$和$\Omega_{30}=[h_{10}+h_{20},L(0)]$分别为雪层、冰层和海水层的初始空间区域，则耦合系统的初始空间区域为非空有界紧集，且可表示为$\Omega(0)=\Omega_0=\Omega_{10}\cup\Omega_{20}\cup\Omega_{30}$。

另外，记雪层、冰层和海水层在t时刻的空间区域分别为$\Omega_1(t):=[0,h_1(t)]$，$\Omega_2(t):=[h_1(t),h_1(t)+h_2(t)]$和$\Omega_3(t):=[h_1(t)+h_2(t),L(t)]$，则$t$时刻系统的空间区域可表示为$\Omega(t):=[0,L(t)]\subset R$，显然，$\Omega(t)$是有界连通集。

设$Q_T=\Omega(t)\times I_T$，$T(x,t)$表示t时刻x厚度处的温度（单位：K），$T_0(x)$表示初始时刻（$t=0$）x厚度处的温度，则海冰热力模式方程及其定解条件可由下面抛物型分布参数系统表示

$$\rho.c\frac{\partial T(x,t)}{\partial t}=\frac{\partial}{\partial x}\left(K\frac{\partial T(x,t)}{\partial x}\right)+g(x,t),\qquad (x,t)\in Q_T \tag{3-7}$$

$$T(x,0)=T_0(x),\quad x\in\overline{\Omega}_0 \tag{3-8}$$

$$\frac{\partial T(x,t)}{\partial t}\Big|_{x=0}=Q_1(t),\quad t\in\overline{I}_T \tag{3-9}$$

$$T(x,t)\big|_{x=L}=T_3(t),\quad t\in\overline{I}_T \tag{3-10}$$

式中，$\rho=\rho_i$、$c=c_i$和$K=K_i$分别表示第i层的密度、比热和热传导系数；$g(x,t)=g_i(x,t)$表示第i层的热源项；$(x,t)\in\Omega_i\times I_T$，$i=1,2,3$分别表示雪层、冰层和海水层；$T_3(t)$、$Q_1(t)$是关于$t$的已知函数，$T_0(x)$是关于$x$的已知函数。

由于雪层、冰层和海水层的密度、比热和热传导系数均不同，因此系统(3-7)～(3-10)是分片连续的。根据雪-冰-海水层系统的热力学性质，对系统(3-7)～(3-10)作如下假设。

(A1)：雪、冰、海水的热力学参数（密度、比热、热传导系数）在所考虑时间段内保持不变。

(A2)：设耦合系统的上、下边界保持不动，即总厚度为常数[$L(t)=L$]。

（**A3**）：$T(x,t)$ 在 Q_T 上连续。

（**A4**）：$T_0(x)\in C^2(\Omega_1^\circ;R)$；$T_3(t)$，$Q_1(t)\in C^2(I_T;R)$；$g_i(x,t)\in C^2(\Omega_1^\circ\times I_T;R)$，$i=1,2,3$。

（**A5**）：在集合 $\bar{I}_T$ 上，$h_1(t),h_2(t),h_3(t)\in C^2(\bar{I}_T;R)$ 均为有界正值函数，即存在 $h_{j1}>0,h_{j2}>0$ 且 $h_{j1}\leqslant h_{j2}$ 使得 $h_{j1}\leqslant h_j(t)\leqslant h_{j2}$，$j=1,2,3$。

由假设（A1）和（A2），取 $\alpha=\rho.c/K$，并令 $y(x,t)=T(x,t)-(x-L)Q_1(t)-T_3(t)$，则系统（3-7）～（3-10）可描述为下面齐次边值问题

$$\frac{\partial y(x,t)}{\partial t}=\alpha\frac{\partial^2 y(x,t)}{\partial x^2}+p(x,t)，\quad (x,t)\in Q_T \tag{3-11}$$

$$y(x,0)=y_0(x)，\quad x\in\bar{\Omega}_0 \tag{3-12}$$

$$\frac{\partial y(x,t)}{\partial t}\Big|_{x=0}=0，\quad t\in\bar{I}_T \tag{3-13}$$

$$y(x,t)\big|_{x=L}=0，\quad t\in\bar{I}_T \tag{3-14}$$

式中，

$$p(x,t)=\frac{1}{\rho c}g(x,t)-(x-L)Q_1'(t)-T_3'(t) \tag{3-15}$$

$$y_0(x)=T_0(x)-(x-L)Q_1(0)-T_3(0) \tag{3-16}$$

3.3 海冰热力学系统的性质

方便起见，令 $u_1=u_1(t)=h_1(t)$，$u_2=u_2(t)=h_2(t)$，$u=u(t)=[u_1(t),u_2(t)]$，$u\in U_{ad}(\bar{I}_T)$，其中 $U_{ad}(\bar{I}_T)=\{u(t)|u(\cdot):\bar{I}_T\to\Gamma 可测, u_{j1}\leqslant u_j\leqslant u_{j2}, j=1,2\}$ 为容许参数集，Γ 为 R^2 上给定的非空有界闭凸集。并设分布参数系统（3.2.11）～（3.2.14）在 t 时刻的空间区域为

$$\Omega_u(t)=\Omega_{1u}(t)\cup\Omega_{2u}(t)\cup\Omega_{3u}(t)，\quad i\in\{1,2,3\} \tag{3-17}$$

对给定的$t\in\bar{I}_T$，$u\in U_{ad}(\bar{I}_T)$，设$H_u(t)=L^2[\Omega_u(t);R]$为可分 Hilbert 空间，$V_u(t)=\{\varphi|\ \varphi\in H'_u(t),\ \partial\varphi/\partial x|_{x=0}=\varphi|_{x=L}=0\}$。令$|\cdot|_{H_u(t)}$和$\|\cdot\|_{V_u(t)}$分别表示$H_u(t)$和$V_u(t)$上的范数，$(\cdot,\cdot)_{H_u(t)}$和$<\cdot,\cdot>_{V_u(t)}$分别表示$H_u(t)$和$V_u(t)$上的内积，$H'_u(t)$和$V'_u(t)$分别表示$H_u(t)$和$V_u(t)$的对偶空间，$<\cdot,\cdot>_{V_u(t),V'_u(t)}$表示空间$V_u(t)$和$V'_u(t)$之间的对偶对，则$V_u(t)$在$H_u(t)$中稠密，$H'_u(t)$在$V'_u(t)$中稠密，且由定理 2.5（嵌入定理）知，嵌入映射连续。

记ϕ，ψ为所在空间中的函数，则$H_u(t)$上的内积和范数分别为

$$(\phi,\psi)_{H_u(t)}=\int_{\Omega_u(t)}\phi\psi\,\mathrm{d}x,\quad \forall\phi,\psi\in H_u(t) \tag{3-18}$$

$$|\phi|_{H_u(t)}=(\int_{\Omega_u(t)}\phi^2\mathrm{d}x)^{1/2},\quad \forall\phi\in H_u(t) \tag{3-19}$$

$V_u(t)$上的内积和范数分别为

$$<\phi,\psi>_{V_u(t)}=\int_{\Omega_u(t)}(\phi\psi+\phi_x\psi_x)\mathrm{d}x,\quad \forall\phi,\psi\in V_u(t) \tag{3-20}$$

$$\|\phi\|_{V_u(t)}=(\int_{\Omega_u(t)}(\phi^2+\phi_x{}^2)\mathrm{d}x)^{1/2},\quad \forall\phi\in V_u(t) \tag{3-21}$$

这里ϕ_x，ψ_x表示ϕ，ψ对空间变量x的偏导数。

$V_u(t)$和$V'_u(t)$之间的对偶对为

$$<\phi,\psi>_{V_u(t),V'_u(t)}=\int_{\Omega_u(t)}\phi\psi\,\mathrm{d}x \tag{3-22}$$

$\forall\ \xi\in V_u(t)$，以ξ乘式（3-11）两端，并在时变区域$\Omega_u(t)$上积分

$$\int_{\Omega_u(t)}\xi\frac{\partial y}{\partial t}\mathrm{d}x=\int_{\Omega_u(t)}\xi\cdot\alpha\frac{\partial^2 y}{\partial x^2}\mathrm{d}x+\int_{\Omega_u(t)}\xi p(x,t)\,\mathrm{d}x \tag{3-23}$$

利用定理 2.8（分部积分公式）及齐次边值条件，式（3-23）可写成

$$\int_{\Omega_u(t)} \xi \frac{\partial y}{\partial t} \mathrm{d}x + \int_{\Omega_u(t)} \alpha \frac{\partial \xi}{\partial x}\frac{\partial y}{\partial x} \mathrm{d}x = \int_{\Omega_u(t)} \xi p(x,t)\,\mathrm{d}x \tag{3-24}$$

对任意给定的$t \in I$，定义$V_u(t) \times V_u(t)$上的泛函$a(t,u;\phi,\psi)$

$$a(t,u;\phi,\psi) = \int_{\Omega_u(t)} \alpha \frac{\partial \phi}{\partial x} \cdot \frac{\partial \psi}{\partial x} \mathrm{d}x \tag{3-25}$$

则$a(t,u;\phi,\psi)$有下面性质。

性质 3.1 假设（A1）～（A5）成立，则$\forall \phi,\psi \in V_u(t)$，由式（3-25）定义的函数$a(t,u;\phi,\psi)$是$V_u(t)\times V_u(t)$上的双线性泛函及时间域$I_T$上的可测函数，且存在与$t$无关的正实数$c \in R^+$，使$|a(t,u;\phi,\psi)| \leqslant c\|\phi\|\cdot\|\psi\|$。

证明：（1）$\forall \lambda_1,\lambda_2 \in R$，$\forall \phi_1,\phi_2,\psi_1,\psi_2 \in V_u(t)$，有

$$\begin{aligned} a(t,u;\lambda_1\phi_1+\lambda_2\phi_2,\psi) &= \int_{\Omega_u(t)} \alpha \frac{\partial(\lambda_1\phi_1+\lambda_2\phi_2)}{\partial x} \cdot \frac{\partial \psi}{\partial x} \mathrm{d}x \\ &= \lambda_1 a(t,u;\phi_1,\psi) + \lambda_2 a(t,u;\phi_2,\psi), \\ a(t,u;\phi,\lambda_1\psi_1+\lambda_2\psi_2) &= \int_{\Omega_u(t)} \alpha \frac{\partial \phi}{\partial x} \cdot \frac{\partial(\lambda_1\psi_1+\lambda_2\psi_2)}{\partial x} \mathrm{d}x \\ &= \lambda_1 a(t,u;\phi,\psi_1) + \lambda_2 a(t,u;\phi,\psi_1) \end{aligned}$$

因此由定义 2.2 知，$a(t,u;\phi,\psi)$是$V_u(t)\times V_u(t)$上的双线性泛函。

（2）$\forall\ \phi,\psi \in V_u(t)$，由式（3-25）易知函数$a(t,u;\phi,\psi)$是$I_T$上的可测函数，且

$$\begin{aligned} |a(t,u;\phi,\psi)| &= \left| \int_{\Omega_u(t)} \alpha \frac{\partial \phi}{\partial x} \cdot \frac{\partial \psi}{\partial x} \mathrm{d}x \right| \\ &\leqslant \alpha \left(\int_{\Omega_u(t)} \phi_x^2 \mathrm{d}x\right)^{1/2} \left(\int_{\Omega_u(t)} \psi_x^2 \mathrm{d}x\right)^{1/2} \\ &\leqslant \alpha \|\phi\| \cdot \|\psi\| \end{aligned}$$

取$c=\alpha$，则$|a(t,u;\phi,\psi)| \leqslant c\|\phi\|\cdot\|\psi\|$。

性质 3.2 假设（A1）～（A5）成立，则存在与时间t无关的$\alpha_0 \in R^+$及$\lambda \in R$使得由式（3-25）所定义的双线性泛函$a(t,u;\phi,\psi)$满足下面关系式

$|a(t,u;\phi,\phi)|+\lambda|\phi|^2_{H_u(t)} \geqslant \alpha_0 \|\phi\|^2_{V_u(t)}$，$\forall\ \phi \in V_u(t)$ 及 $t \in \bar{I}_T$。

证明：由式（3-25），利用定理 2.11（Garding 不等式）可直接推出结论。

由性质 3.1、性质 3.2 及定理 2.10（Lax-Milgram 定理）知，存在有界线性算子 $A(t) \in L[V_u(t), V_u'(t)]$，使得

$$a(t,u;\phi,\psi) = < A(t,u)\phi, \psi >_{V'(t),V(t)}\text{，}\ t \in \bar{I}_T\text{，}\ u \in U_{ad}(\bar{I}) \tag{3-26}$$

且

$$A(t,u)\phi = -\alpha \frac{\partial^2 \phi}{\partial x^2}\text{，}\ \forall \phi \in V_u(t)\text{，}\ u \in U_{ad}(\bar{I}) \tag{3-27}$$

则由式（3-27），性质 3.1 和性质 3.2 知 $A(t,u)\phi$ 满足下面性质：

性质 3.3 假设（A1）～（A5）成立，则 $\forall\ t \in \bar{I}_T$ 及 $\forall \phi, \psi \in V_u(t)$，$u \in U_{ad}(\bar{I})$，存在 $M_1 > 0$，$M_2 > 0$ 使得

$< A(t,u)\phi, \phi >_{V'(t),V(t)} \geqslant M_1 \|\phi\|^2_{V_u(t)}$，

$< A(t,u)\phi, \psi >_{V'(t),V(t)} \leqslant M_2 \|\phi\|^2_{V_u(t)} \|\psi\|^2_{V_u(t)}$。

$\forall\ t \in \bar{I}_T$ 及 $u \in U_{ad}(\bar{I}_T)$，令 $P(t,u;\phi) = \int_{\Omega_u(t)} \phi p(x,t)\,\mathrm{d}x$，其中 $\phi \in V_u(t)$，$p(x,t)$ 由式（3-15）定义，则 $P(t,u;\phi)$ 是空间 $V_u(t)$ 上的连续有界线性泛函，由定理 2.2（Riesz 表示定理），存在唯一 $q(t;u) \in V_u'(t)$ 使得

$$P(t,u;\phi) = < q(t;u), \phi >_{V'(t),V(t)}\text{，}\ \forall \phi \in V_u(t)$$

综上所述，对 $\forall u \in U_{ad}(\bar{I}_T)$，系统（3-11）～（3-14）可写成下面抛物型发展方程

$$y_t + A(t,u)y = q(t;u)\text{，}\ y(0) = y_0\text{，}\ y_0 \in H_u(0) \tag{3-28}$$

式中，$t\in\bar{I}_T$，$q(\cdot;u)\in L^2[I_T;V_u'(\cdot)]$，$L^2[I_T;V'(\cdot)]=\{w\mid\int_0^T\|w(t)\|_{V_u(t)}^2\,\mathrm{d}t<\infty\}$，其内积定义为

$$(w,\bar{w})=\int_0^T<w(t),\bar{w}(t)>_{V_u(t)}\mathrm{d}t$$

显然以上过程为可逆的，即系统（3-11）～（3-14）与发展方程（3-28）等价。下面给出发展方程（3-28）的弱解定义。

定义 3.1 如果函数 $y(x,t;u)\in L^2[\Omega_u(t),I_T;H_u(\cdot)]\cap C[\Omega_u(t),I_T;H_u'(\cdot)]$ 满足

$$<\frac{\mathrm{d}y(\cdot,\cdot;u)}{\mathrm{d}t},\xi>_{V_u'(t),V_u(t)}+a[\cdot,u;y(\cdot,\cdot;u),\xi]=[q(\cdot;u),\xi]_{H_u(t)}$$

式中，$\xi\in V_u(t)$，$u\in U_{ad}(\cdot)$，则称 $y(x,t;u)$ 为发展方程（3-28）的一个弱解。

定理 3.1 设 $\forall\ t\in\bar{I}_T$，区域 $\Omega_u(t)$ 有界，且假设（A5）成立，性质 3.1 和性质 3.2 满足；设 $\forall\ t\in\bar{I}_T$，$V_u(t)$ 有一个可数基 $\{\phi_1(t),\phi_2(t),\cdots\}$ 满足 $\phi_{it}(t)\in V_u'(t)$，$i=1,2,\cdots$，则发展方程（3-28）有唯一弱解 $y(x,t;u)\in L^2[\Omega_u(t),I_T;H_u(\cdot)]\cap C[\Omega_u(t),I_T;H_u'(\cdot)]$，且连续依赖 q 和 y_0。

证明： 设 $\partial\Omega_u^{\circ}(t)=\{x\in\partial\Omega_u(t):h[t,x,u(t)]\cdot n(x)=0\}$，这里 $n(x)$ 表示 $\partial\Omega_u(t)$ 在 x 处的外法向量。由 $V_u(t)$ 的定义可知，对每个固定的 $t\in\bar{I}$，每个 $\psi\in V_u(t)$ 满足齐次 Dirichlet 边值条件

$$\psi(x)=0,\quad x\in\partial\Omega_u(t)\setminus\partial\Omega_u^0(t)$$

故发展方程（3-28）有唯一弱解 $y(x,t;u)\in L^2[\Omega_u(t),I;H_u(\cdot)]\cap C[\Omega_u(t),I;H_u'(\cdot)]$，且连续依赖 q 和 y_0 [97]。

3.4　系统的参数辨识

3.4.1　辨识模型

定义性能指标

$$J(u)=\int_{I_T}\int_{\Omega_u(t)}[y(t,x,u)-\overline{y}(t,x)]^2\mathrm{d}x\mathrm{d}t \tag{3-29}$$

式中，

$$y(x,t;u)=T(x,t;u)-(x-L)Q_1(t)-T_3(t) \tag{3-30}$$

$$\overline{y}(t,x)=\overline{T}(x,t)-(x-L)Q_1(t)-T_3(t) \tag{3-31}$$

式中，$T(x,t;u)$为系统（3-7）～（3-10）中的温度函数，$\overline{T}(x,t)$为观测温度。记$f_0(u)=[y(t,x;u)-\overline{y}(t,x)]^2$，则式（3-29）可表示为

$$J(u)=\int_{I_T}\int_{\Omega_u(t)}f_0(u)\mathrm{d}x\mathrm{d}t \tag{3-32}$$

为使由系统（3-7）～（3-10）计算得到的冰温与实测冰温的误差尽可能小，建立下面参数辨识模型

（SIP） min　$J(u)$

$$\text{s.t.}\quad y(x,t;u)\in S_{U_{ad}}(Q_T) \tag{3-33}$$

$$u\in U_{ad}(\overline{I}_T)$$

式中，$S_{U_{ad}}(Q_T)\subset L^2\left[\Omega_u(t),I_T;H_u(\cdot)\right]\cap C\left[\Omega_u(t),I_T;H_u'(\cdot)\right]$为发展方程（3-28）的弱解集合，即：$S_{U_{ad}}(Q_T):=\{y(x,t;u)|y(x,t;u)$为发展问题（3-28）对应$u\in U_{ad}(\overline{I}_T)$的解$\}$，$J(u)$由式（3-32）定义。

显然，由式（3-29）～（3-31），辨识模型**（SIP）**可转换为下面问题

（SIPO） min　$J(u)=\int_{I_T}\int_{\Omega_u(t)}[T(x,t;u)-\overline{T}(x,t)]^2\mathrm{d}x\mathrm{d}t$

$$\text{s.t.} \quad T(x,t;u) \in S'_{U_{ad}}(Q_T) \tag{3-34}$$

$$u \in U_{ad}(\bar{I}_T)$$

式中，$S'_{U_{ad}}(Q_T) := \{T(x,t;u) \big| T(x,t;u)$ 为系统（3-7）～（3-10）对应 $u \in U_{ad}(\bar{I}_T)$ 的解$\}$。

3.4.2　弱解关于参数的强连续性

定理 3.2 假设（A3.1）～（A3.5）成立，则 $\forall u \in U_{ad}(\bar{I}_T)$，映射 $u \to y(x,t;u)$ 是强连续的。

证明： 给定 $u_0 \in U_{ad}(\bar{I}_T)$，设 $\{u_n\} \subset U_{ad}(\bar{I}_T)$ 使得当 $n \to \infty$ 时，有 $\|u_n - u_0\| \to 0$。令 y_n，y_0 分别为发展方程（3-28）对应于 u_0，u_n 的弱解，$w_n = y_n - y_0$，$p_n = p(t,x;u_n)$，$p_0 = p(t,x;u_0)$，则有

$$\frac{\partial w_n}{\partial t} - \alpha \frac{\partial^2 w_n}{\partial x^2} = p_n - p_0 \tag{3-35}$$

$$w_0(x,0) = 0 \tag{3-36}$$

$$\frac{\partial w_n}{\partial t}\Big|_{x=0} = 0 \tag{3-37}$$

$$w_n\big|_{x=L} = 0 \tag{3-38}$$

以 w_n 乘式（3-35），并在 $\Omega_u(t) \times [0,t]$ 上积分，则有

$$\int_0^t \left(w_n, \frac{\partial w_n}{\partial t} \right) \mathrm{d}s + \int_0^t a(s,u_n;w_n,w_n)\,\mathrm{d}s = \int_0^t (w_n, p_n - p_0)\,\mathrm{d}s \tag{3-39}$$

对式（3-39）左端第一项有

$$\int_0^t \left(w_n, \frac{\partial w_n}{\partial t} \right) \mathrm{d}s = \frac{1}{2}|w_n(t)|^2 - \frac{1}{2}|w_n(0)|^2 \tag{3-40}$$

对式（3-39）左端第二项，由性质 3.2 得

$$\int_0^t a(s,u_n;w_n,w_n)\,\mathrm{d}s + \lambda \int_0^t |w_n|^2\,\mathrm{d}s \geqslant \alpha_0 \int_0^t |w_n|^2\,\mathrm{d}s \tag{3-41}$$

式中，λ，α_0 同性质 3.2。

对式（3-41）右端，利用基本不等式 $ab \leqslant \frac{1}{2\varepsilon}a^2 + \frac{\varepsilon}{2}b^2$，取 $\varepsilon = \alpha_0$ 得

$$\int_0^t (w_n, p_n - p_0)\,\mathrm{d}s \leqslant \frac{\alpha_0}{2}\int_0^t \|w_n\|^2\,\mathrm{d}s + \frac{1}{2\alpha_0}\int_0^t |p_n - p_0|^2\,\mathrm{d}s \qquad (3\text{-}42)$$

令 $Y_n(t) = |w_n|^2 + \alpha_0 \int_0^t |w_n|^2 \mathrm{d}s$，将式（3-40）～（3-42）代入式（3-39）得

$$Y_n(t) \leqslant \frac{1}{\alpha_0}\int_0^t |p_n - p_0|^2\,\mathrm{d}s + (\alpha_0 + 2\lambda)\int_0^t |w_n|^2\,\mathrm{d}s$$

由 Gronwall 不等式得

$$Y_n(t) \leqslant \frac{1}{\alpha_0}\mathrm{e}^{\alpha_0 T}\int_0^t |p_n - p_0|^2\mathrm{d}s$$

由式（3-41）、式（3-42）以及 $\|u_n - u_0\| \to 0$ 可得 $|p_n - p_0| \to 0$，从而映射 $u \to y(x,t;u)$ 是强连续的。

3.4.3 最优参数的存在性

定理 3.3 假设（A1）～（A5）成立，则至少存在一个 $u^* \in U_{ad}(\bar{I}_T)$ 使 $J(u^*) = \min J(u)$，$\forall u \in U_{ad}(\bar{I}_T)$，即 $u^* \in U_{ad}(\bar{I}_T)$ 为辨识问题（**SIPO**）的最优参数。

证明： 由式（3-32）知，$J(u) = \int_{I_T}\int_{\Omega_u(t)} f_0(u)\,\mathrm{d}x\mathrm{d}t \geqslant 0$ 且 $f_0(u)$ 在 $V_u(t)$ 上连续。

由定理 3.2 知，映射 $u \to y(x,t;u)$ 连续，故 $u \to J(u)$ 在 $U_{ad}(\bar{I}_T)$ 上连续。又因 $U_{ad}(\bar{I}_T)$ 为非空有界闭凸集，从而 $\exists\, u^* \in U_{ad}(\bar{I}_T)$ 为最优参数。

3.4.4 最优性条件

设 $u^* \in U_{ad}(\bar{I}_T)$ 为辨识问题（**SIPO**）的最优参数，由集合 $U_{ad}(\bar{I}_T)$ 的紧凸性及

$J(u)$ 在 $U_{ad}(\bar{I}_T)$ 中的连续性可知，$J[u(\cdot)]$ 在 $u^* \in U_{ad}(\bar{I}_T)$ 处的 Gateaux 导数 $DJ[u^*(\cdot)]$ 存在。下面给出系统的最优性条件。

定理 3.4 假设（A1）～（A5）成立，$u^* \in U_{ad}(\bar{I}_T)$ 为辨识问题（**SIPO**）的最优参数，则 $u^*(\cdot)$ 满足下面不等式

$$DJ(u^*;u-u^*) = \lim_{\gamma \to 0^+} \frac{J[u^* + \gamma(u-u^*)] - J(u^*)}{\gamma} \geqslant 0, \quad \forall u \in U_{ad}(\bar{I}_T)。$$

3.5 最优化和数值结果

3.5.1 参数辨识模型的性质

本节将构造优化算法来求解辨识问题（SIPO）。首先将系统（3-7）～（3-10）在 t 时刻的空间区域 $\Omega_i(t)$ 上分解

$$\rho_i.c_i \frac{\partial T_i(x,t)}{\partial t} = \frac{\partial}{\partial x}\left(K_i \frac{\partial T_i(x,t)}{\partial x}\right) + g_i(x,t), \quad (x,t) \in \Omega_i(t) \times I_T, \quad i=1,2,3 \tag{3-43}$$

初始条件为

$$T_i(x,0) = T_0(x), \quad x \in \Omega_i(0), \quad i=1,2,3 \tag{3-44}$$

雪层的边界条件和穿透性条件为

$$\frac{\partial T_1(x,t)}{\partial t}\Big|_{x=0} = Q_1(t)$$

$$T_1[h_1(t),t] = T_2[h_1(t),t] \quad t \in I_T \tag{3-45}$$

$$\rho_1 c_1.K_1 \frac{\partial T_1(x,t)}{\partial t}\Big|_{x=h_1(t)} = \rho_2 c_2.K_2 \frac{\partial T_2(x,t)}{\partial t}\Big|_{x=h_1(t)}$$

冰层的边界条件和穿透性条件为

$$T_1[h_1(t),t] = T_2[h_1(t),t]$$

$$T_2[h_1(t)+h_2(t),t]=T_3[h_1(t)+h_2(t),t] \quad t\in I_T \tag{3-46}$$

$$\rho_2 c_2.K_2\frac{\partial T_2(x,t)}{\partial t}\Big|_{x=h_1(t)+h_2(t)}-\rho_3 c_3.K_3\frac{\partial T_3(x,t)}{\partial t}\Big|_{x=h_1(t)+h_2(t)}=\rho_2\frac{\mathrm{d}h_2}{\mathrm{d}t}$$

海水层的边界条件和穿透性条件为

$$T_3[h_1(t)+h_2(t),t]=T_2[h_1(t)+h_2(t),t],\ T_3(L,t)=T_3(t) \quad t\in I_T \tag{3-47}$$

记由方程（3-43）～（3-45）构成的子系统为（**IBP**）$_1$，由方程（3-43）、方程（3-44）和方程（3-46）构成的子系统为（**IBP**）$_2$，由方程（3-43）、方程（3-44）和方程（3-47）构成的子系统为（**IBP**）$_3$。根据偏微分理论，我们可以得到下面定理。

定理 3.5 假设（A1）～（A5）成立，则每个子系统（**IBP**）$_i$（i=1,2,3）都有唯一弱解 $T_i(x,t;u)\in C\left[\Omega_{ui}(t),I_T,U_{ad};R\right]$，且连续依赖 $u\in U_{ad}(\overline{I}_T)$。

设 M、N 分别为测量的空间和时间点个数，x_k、t_j 分别为测量的空间点和时间点，T（x_k，，t_j；u）为由系统（3-7）～（3-10）计算得到的 x_k 厚度 t_j 时刻的冰温，$\overline{T}(x_k,t_j)$ 为 x_k 厚度 t_j 时刻的实测冰温，辨识问题（**SIPO**）可表示为

$$\text{(SIPOD)}\quad \min\quad J_d(u)=\sum_{k=1}^{M}\sum_{j=1}^{N}[T(x_k,t_j;u)-\overline{T}(x_k,t_j)]^2$$

$$\text{s.t.}\quad T(x_k,t_j;u)\in S'_{U_{ad}}(Q_T) \tag{3-48}$$

$$u\in U_{ad}(\overline{I}_T)$$

设

$S'_{iU_{ad}}(Q_T):=\{T_i(x,t;u)\,|\,T_i(x,t;u)$ 为系统(**IBP**)$_i$ 对应 $u\in U_{ad}(\overline{I}_T)$ 的解$\}$，$i=1,2,3$，

将问题（**SIPOD**）分解为下面耦联子问题

$$\text{(SIPOD)}_i\quad \min\quad J_{di}(u)=\sum_{x_k\in\Omega_i}\sum_{j=1}^{N}[T(x_k,t_j;u)-\overline{T}(x_k,t_j)]^2$$

$$\text{s.t.}\quad T_i(x_k,t_j;u)\in S'_{iU_{ad}}(Q_T) \tag{3-49}$$

$$u\in U_{ad}(\overline{I}_T)$$

$i=1,2,3$。

显然，由子问题（**SIPOD**）$_i$，$i=1,2,3$ 可知，模型（**SIPOD**）的性能指标可以转化为下面形式

$$\min \quad J_d(u)=\sum_{i=1}^{3} J_{di}(u) \tag{3-50}$$

由定理 3.3 可知，子问题（**SIPOD**）$_i$，$i=1,2,3$ 的最优参数存在。

令

$$T_{\Omega_i}(u)=\sum_{x_k\in\Omega_i}\sum_{j=1}^{N} T(x_k,t_j;u), \quad i=1,2,3 \tag{3-51}$$

$$T_{\Omega_i}=\sum_{x_k\in\Omega_i}\sum_{j=1}^{N} \overline{T}(x_k,t_j), \quad i=1,2,3 \tag{3-52}$$

$$J_{bi}(u)=[T_{\Omega_i}(u)-T_{\Omega_i}]^2, \quad i=1,2,3 \tag{3-53}$$

$$J_b(u)=\sum_{i=1}^{3} J_{bi}(u) \tag{3-54}$$

则辨识问题可表达为

（**SIPOD$_\mathbf{b}$**）$\min \quad J_b(u)$

$$\text{s.t.} \quad T(x_k,t_j;u)\in S'_{U_{ad}}(Q_T) \tag{3-55}$$
$$u\in U_{ad}(\overline{I}_T)$$

子辨识问题可表示为

（**SIPOD$_\mathbf{bi}$**）$\min \quad J_{bi}(u)$

$$\text{s.t.} \quad T(x_k,t_j;u)\in S'_{iU_{ad}}(Q_T) \tag{3-56}$$
$$u\in U_{ad}(\overline{I}_T)$$

$i=1,2,3$ 。

定理 3.6 如果 u^* 是问题（**SIPOD**）的最优参数，则 u^* 也是辨识问题（**SIPOD$_\mathbf{b}$**）的最优参数。

3.5.2 优化算法

显然，分布参数系统（3-7）～（3-10）是分片连续的，该系统的复杂性使得其解析解很难求得。半隐差分法[113]是一种无条件稳定、无须解求代数方程的差分方法，因此本节利用半隐差分格式离散，Schwarz 交替方向法迭代求解方程(3-43)，并依据雪温和冰温分别关于雪厚和冰厚的单调递减性，依式（3-51）中的 $T_{\Omega_1}(u)$ 和式（3-52）中的 T_{Ω_1} 优化 u_1，依式（3-51）中的 $T_{\Omega_2}(u)$ 和式（3-52）中的 T_{Ω_2} 优化 u_2，构造优化算法求解辨识问题（**SIPOD**）

在平面上以 t 为时间方向，为 x 空间方向，以 h 为空间步长，τ 为时间步长，用两组平行线 $x_k = kh, k = 0,1,\cdots,M$ 和 $t_j = j\tau, j = 0,1,\cdots,N$ 分别对空间和时间区域进行离散，记区域上的离散函数 $T_k^j = T(x_k, t_j)$。记 $x_{k-1} \leqslant x_k \leqslant x_{k+1}$，$t_{j+\frac{1}{2}} = t_j + \frac{\tau}{2}$，在网格结点 $\left(k, j+\frac{1}{2}\right)$ 处对方程（3-43）进行离散化，并用中心差商来近似时间偏导数

$$\left.\frac{\partial T_i}{\partial t}\right|_k^{j+1/2} = \frac{T_{ik}^{j+1} - T_{ik}^j}{\tau} + O(\tau^2) \tag{3-57}$$

用下面向前和向后差分格式来近似空间偏导数。

向前差分格式

$$\begin{aligned}
\left.\frac{\partial^2 T_i}{\partial x^2}\right|_k^{j+1/2} &= \frac{\partial}{\partial x}\left(\frac{\partial T_i}{\partial x}\right)\Big|_k^{j+1/2} \\
&= \frac{1}{h}\left(\frac{\partial T_i}{\partial x}\Big|_{k+1/2}^{j+1/2} - \frac{\partial T_i}{\partial x}\Big|_{k-1/2}^{j+1/2}\right) + O(h^2) \\
&= \frac{1}{h}\left[\frac{\partial T_i}{\partial x}\Big|_{k+1/2}^{j} - \frac{\partial T_i}{\partial x}\Big|_{k-1/2}^{j+1/2} + O(\tau)\right] + O(h^2) \\
&= \frac{1}{h}\left[\frac{T_{i(k+1)}^j - T_{ik}^j}{h} - \frac{T_{ik}^{j+1} - T_{i(k-1)}^{j+1}}{h} + O(h^2)\right] + O(\tau/h + h^2)
\end{aligned} \tag{3-58}$$

向后差分格式

$$
\begin{aligned}
\left.\frac{\partial^2 T_i}{\partial x^2}\right|_k^{j+1/2} &= \frac{\partial}{\partial x}\left(\frac{\partial T_i}{\partial x}\right)\Big|_k^{j+1/2} \\
&= \frac{1}{h}\left(\frac{\partial T_i}{\partial x}\Big|_{k-1/2}^{j+1/2} - \frac{\partial T_i}{\partial x}\Big|_{k+1/2}^{j+1/2}\right) + O(h^2) \\
&= \frac{1}{h}\left[\frac{\partial T_i}{\partial x}\Big|_{k-1/2}^{j} - \frac{\partial T_i}{\partial x}\Big|_{k+1/2}^{j+1/2} + O(\tau)\right] + O(h^2) \\
&= \frac{1}{h}\left[\frac{T_{i(k-1)}^j - T_{ik}^j}{h} - \frac{T_{ik}^{j+1} - T_{i(k+1)}^{j+1}}{h} + O(h^2)\right] + O(\tau/h + h^2)
\end{aligned} \tag{3-59}
$$

将式（3-57）和式（3-58）代入式（3-43）并忽略截断误差$O(\tau/h+\tau^2+h^2)$，则有

$$
\frac{\rho_i c_i}{\tau}\cdot(T_{ik}^{j+1}-T_{ik}^j)=\frac{K_i}{h^2}\cdot\left[T_{i(k+1)}^j-T_{ik}^j-T_{ik}^{j+1}+T_{i(k-1)}^{j+1}\right]+g_{ik}^j,\quad (x_{ik},t^j)\in\Omega_i(t)\times I_T,
$$

$i=1,2,3$。

即

$$
(K_i\tau-\rho_i c_i h^2)\cdot T_{ik}^j=K_i\tau\cdot(T_{i(k+1)}^j+T_{i(k-1)}^{j+1})-(K_i\tau+\rho_i c_i h^2)T_{ik}^{j+1}+g_{ik}^j,
$$

$$
(x_{ik},t^j)\in\Omega_i(t)\times I_T,\quad i=1,2,3\quad k=0,1,\cdots,M\quad j=0,1,\cdots,N \tag{3-60}
$$

将式（3-15）和式（3-59）代入方程（3-43）并忽略截断误差$O(\tau/h+\tau^2+h^2)$，则有

$$
\frac{\rho_i c_i}{\tau}\cdot(T_{ik}^{j+1}-T_{ik}^j)=\frac{K_i}{h^2}\cdot\left[T_{i(k-1)}^j-T_{ik}^j-T_{ik}^{j+1}+T_{i(k+1)}^{j+1}\right]+g_{ik}^j,\quad (x_{ik},t^j)\in\Omega_i(t)\times I_T,
$$

$i=1,2,3$。

即

$$
(K_i\tau-\rho_i c_i h^2)\cdot T_{ik}^j=K_i\tau\cdot(T_{i(k-1)}^j+T_{i(k+1)}^{j+1})-(K_i\tau+\rho_i c_i h^2)T_{ik}^{j+1}+g_{ik}^j,
$$

$$
(x_{ik},t^j)\in\Omega_i(t)\times I_T,\quad i=1,2,3\quad k=0,1,\cdots,M\quad j=0,1,\cdots,N \tag{3-61}
$$

沿不同坐标轴方向求解方程（3-43）的计算次序和迭代方程不同：当j为奇数时，即$j=1,3,5,\cdots$时，对方程（3-43）采用向后差分法从右向左进行计算［式

(3-59)]；当 j 为偶数时，即 $j=0,2,4,\cdots$ 时，对方程(3-43)采用向前差分法从左向右进行计算［式(3-58)］。未知量 $T_{i(k-1)}^{j+1}$ 和 $T_{i(k+1)}^{j+1}$ 由边界值或前次迭代结果给出，因此避免了解代数方程组，具有显式差分格式的优点。

依据温度关于辨识参量的单调性，构造优化算法。由于子问题（**SIPOD$_{bi}$**），$i=1,2,3$ 是耦联在一起的，因此必须依序求解。算法的具体步骤为

Step1：选择初始点 $u^0=(u_1^0,u_2^0)\in U_{ad}(\bar{I}_T)$ 和方向 $e_1=[1,0]^T$ 和 $e_2=[0,1]^T$。给出初始步长 $\Delta u=(\Delta u_1,\Delta u_2)$，且 $\Delta u_1>0$，$\Delta u_2>0$，加速因子 a，精度 $\varepsilon>0$ 及最大迭代次数 $k_{\max}$。令 $v^0=u^0$，$k=j=0$。

Step2：由半隐差分格式和非重叠 Schwarz 交替方向法计算数值解 $T(x,t;v^j)$。

Step3：如果 $J_b(v^j+\Delta u\cdot e_j)<J_b(v^j)$，令 $v^{j+1}=v^j+\Delta u\cdot e_j$。对于 $J_b(v^j+\Delta u\cdot e_j)\geqslant J_b(v^j)$ 的情形，如果 $J_b(v^j-\Delta u\cdot e_j)<J_b(v^j)$，令 $v^{j+1}=v^j-\Delta u\cdot e_j$；否则，令 $v^{j+1}=v^j$。

Step4：如果 $j<2$，令 $j=j+1$，转 Step3。对于 $j=2$ 的情形，如果 $J_b(v^{2+1})\leqslant J_b(v^2)$，转 Step5；否则，转 Step6。

Step5：令 $u^{k+1}=v^{2+1}$，$v^0=u^{k+1}+a(u^{k+1}-u^k)$，$k=k+1$ 和 $j=0$，转 Step2。

Step6：如果 $k>k_{\max}$，令 $u^*=u^k$，算法停止；否则，令 $v^0=u^k$，$u^{k+1}=u^k$，$k=k+1$ 和 $j=0$，转 Step2。

3.5.3 数值结果

依据中国第二次北极科学考察期间利用水文气象自动监测浮标连续观测得到的海冰温度场数据，将第 3.5.2 节构造的优化算法用于海冰温度场的数值模拟。观测项目包括气温、气压、空间上 10 个测得的冰温，冰下 2 m 处水温和盐度。浮标安装后各传感器位置：气温传感器在冰雪交界面上 0.2 m 处，气压传感器在 0.4 m 处；冰温传感器 1 在冰雪交界面下 0.32 m 处，冰温传感器 10 在冰雪交界面下 3.2 m 处，空间上相邻冰温传感器间距为 0.32 m。

记 2003 年 11 月 1 日为所考虑时间段的第 1 天，2004 年 2 月 29 日表示最后一天，即第 120 天。计算时取空间节点间距为 $h=0.01\,\mathrm{m}$，时间节点间距为 $\tau=1s$。辨识得到的雪厚和冰厚，表 3-1 中“[*a*，*b*]”表示从第 *a* 天开始至第 *b* 天。

表 3-1 辨识得到的雪厚和冰厚（2003 年 11 月 1 日至 2004 年 2 月 29 日） 单位：m

时间	[1，5]	[6，15]	[16，30]	[31，40]	[41，58]	[59，62]
雪厚	0.064	0.068	0.071	0.085	0.10	0.12
冰厚	4.08	4.11	4.18	4.20	4.28	4.31
时间	[63，66]	[67，81]	[82，86]	[87，100]	[101，107]	[108，120]
雪厚	0.15	0.13	0.16	0.20	0.16	0.12
冰厚	4.32	4.40	4.42	4.49	4.54	4.58

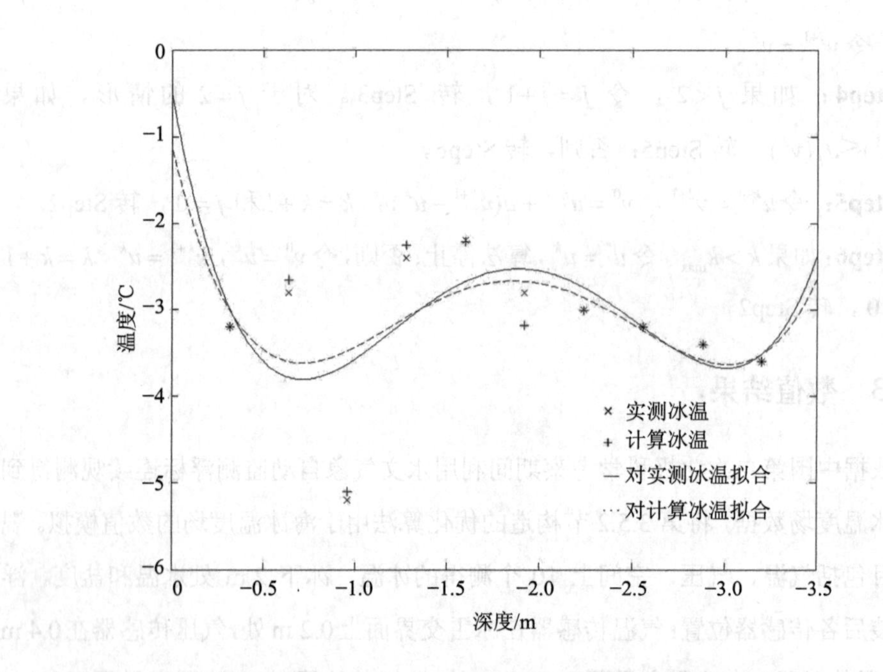

图 3-3 2003 年 11 月 10 日（20：59）的海冰温度数值模拟

利用表 3-1 中的雪厚和冰厚对北极海冰温度进行了数值模拟。图 3-3 给出了 2003 年 11 月 10 日（20：59）的海冰温度场数值模拟结果，可以看出计算得到的冰温和实测冰温吻合良好。图 3-4 给出了 2003 年 11 月 1 日—2004 年 2 月 29 日计算冰温与实测冰温的比较结果。从图中的实测和计算冰温可以看出，对于所考虑的时段，计算得到的冰温和实测数据拟合效果较好（模拟和实测冰温偏差为 0.361）。由于现场观测是从夏季到冬季进行的，因此海冰温度随时间增加而减小。另外，从图 3-3 和图 3-4 中明显地可以看出，实际测温点越深，计算冰温与实测冰温拟合越好。

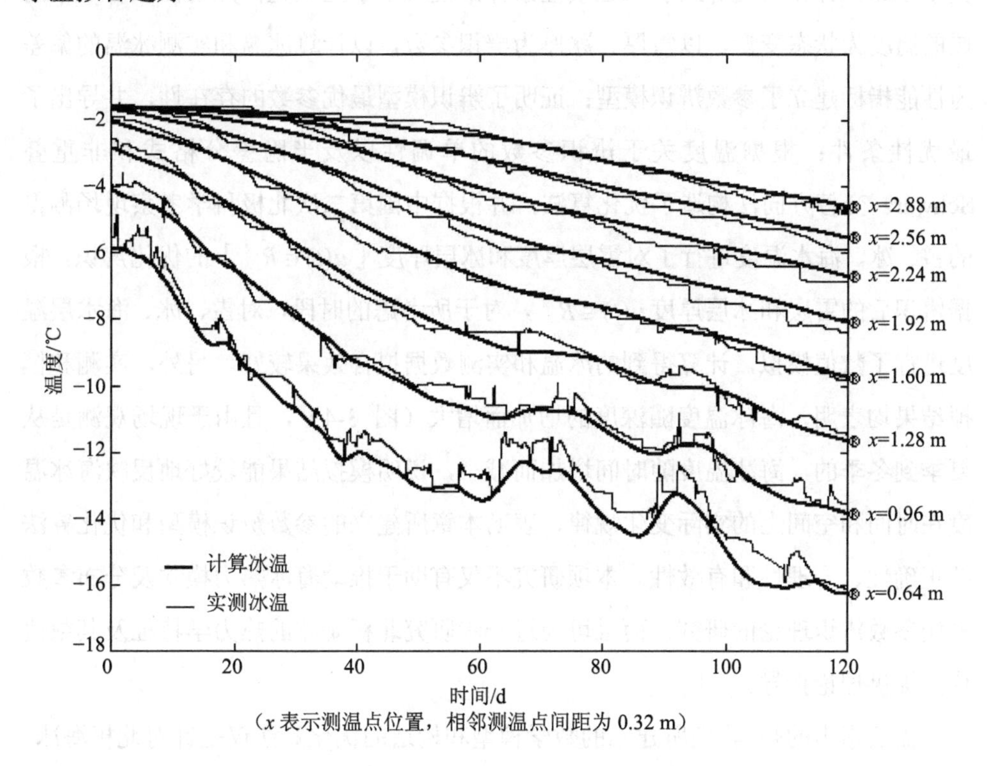

图 3-4 各层计算冰温与实测冰温的比较（2003 年 11 月 1 日—2004 年 2 月 29 日）

由以上分析可以看出，利用本章所构造的优化算法得到的数值结果能很好地反映海冰温度随时间和深度的实际变化规律。

3.6 小结

本章针对北极海冰的热传导过程，考虑了时变区域上的雪-冰-海水耦合热力学系统，建立了描述该系统的分片光滑的抛物型分布参数系统，证明了该系统弱解的存在唯一性和解对辨识参数的连续依赖性，并得到系统及其弱解的一些基本性质；采用非重叠区域分解法将研究的时变区域分为雪层、冰层和海水层 3 个时变子区域，并在内边界上引入连续性条件，使每个子区域充分光滑；以各个子区域的温度为状态变量，以雪厚、冰厚为辨识参数，以计算冰温和实测冰温的偏差为性能指标建立了参数辨识模型；证明了辨识模型最优参数的存在性，并导出了最优性条件；根据温度关于辨识参数的单调性以及半隐差分格式和非重叠 Schwarz 交替方向法构造了优化算法，并根据中国第二次北极科学考察现场测得的雪、冰、海水温度进行了对雪层厚度和冰层厚度［$u(t)\in R_+^{\ 2}$］的优化辨识。根据辨识后的雪层和冰层厚度$u(t)\in R_+^{\ 2}$，对于所考虑的时段，对雪、冰、海水层温度进行了数值模拟，计算得到的冰温和实测数据拟合效果较好。另外，实测和模拟结果均表明，海冰温度随深度的增加而增大（图 3-4），且由于现场观测是从夏季到冬季的，海冰温度随时间增加而减小，说明模拟结果能较好地反映海冰温度在时间和空间上的实际变化规律，表明本章所建立的参数辨识模型和优化算法的正确性、合理性和有效性。本项研究不仅有助于推动海冰热力模式及分布参数系统参数辨识理论的研究，而且可为进一步研究北极海冰的热力学特征及其数值模拟提供理论指导。

需要指出的是，我们所建立的数学模型和构造的优化算法仅是针对北极海冰，而且没有考虑到其他海冰物理参数（密度、比热和热传导率等）的变化，在未来的工作中，还需要利用更多的现场观测数据来验证其有效性，并综合考虑各种因素，不断对其进行改进。

4 统计优化与聚类算法及其在海冰表面形态研究中的应用

本章依据机载激光高度计测得的海冰表面高度数据，确定实测脊帆高度和间距分布的概率密度；以切断高度为优化变量，以脊帆高度和间距分布的概率密度数学模型与实测分布的概率密度之间的误差为目标函数，以对应于优化参数的脊帆高度和间距分布的概率密度为约束条件，建立了具有非线性约束的统计优化模型，利用参数辨识方法得到了最优切断高度，进而从海冰表面起伏中确定出脊帆；针对传统 k 均值聚类算法需要事先制定类别数 k 和容易陷入局部最优的缺陷，将粒子群优化与传统 k 均值聚类算法相结合搜寻最优聚类中心，在迭代过程中不断改进误差准则确定出最佳类别数，提出了一种改进的 k 均值聚类算法；依据脊帆强度，利用所改进的算法将所测海冰分为 3 类；并对分类后的各剖面脊帆形态参数作了统计检验和分析；最后将本章得到的结果与南极的其他研究成果进行比较，分析了造成参数值差异的原因。

4.1 引言

首先给出本章研究中的一些基本定义。

定义 4.1（样本概率密度）某区间内包含的样本个数与样本总个数的比值称

为该区间内的样本频次，样本频次与对应区间的宽度之比称为样本的实测概率密度（近似概率密度）。

记$I_n=\{1,2,\cdots,n\}$，$I_k=\{1,2,\cdots,k\}$，设$x_i\in R$，$i=1,2,\cdots,n$，给定类别数k和样本集$\Omega=\{x_1,x_2,\cdots,x_n\}\subset R^n$。设$C=\{C_1,C_2,\cdots,C_k\}$是$\Omega$的一个剖分，记$\Omega$的剖分集合

$$\wp_k=\{C=\{C_1,C_2,\cdots,C_k\}\,|\,\Omega=\bigcup_{j=1}^{k}C_j,\ C_j\neq\Phi,C_j\subset\Omega,C_j\cap C_{j'}=\Phi,j\neq j',j,j'\in I_k\}$$

（4-1）

定义 4.2（最优聚类中心） 对任意给定的类别数k和剖分$C\in\wp_k$，设C_j为剖分C的第j个类别，令

$$J_1(c_j):=\min\{\sum_{x_i\in C_j}|x_i-c_l|^2,c_l\ \in C_j\} \tag{4-2}$$

$$c_j:=\arg\min\{\sum_{x_i\in C_j}|x_i-c_l|^2,c_l\ \in C_j\} \tag{4-3}$$

称c_j（$j\in I_k$）为对应类别数k的剖分$C\in\wp_k$的第j个类别C_j的最优聚类中心，简称聚类中心。

$\forall C\in\wp_k$，c_j为类别C_j的聚类中心，c_l为类别C_l的聚类中心，$j,l\in I_k$，对于给定的样本$x_i\in\Omega$，$i\in I_n$，如果有

$$|x_i-c_j|=\min_{1\leqslant l\leqslant k}|x_i-c_l| \tag{4-4}$$

则称Ω中的第i个样本x_i属于划分C的第j个类别C_j，$j\in I_k$，记为$x_i^{(j)}=x_i\in C_j$。

定义 4.3（最小距离准则） 令$j=\arg\min\limits_{l\in I_k}|x_i-c_l|$，定义下面最小距离准则

$$d_{ij}=\min_{1\leqslant l\leqslant k}|x_i-c_l| \tag{4-5}$$

式中，d_{ij}表示样本x_i与聚类中心c_l（$l\in I_k$）间的最小距离，即将样本x_i分

配到最邻近的类别C_j中。

定义 4.4（最佳类别数）对任意给定的类别数k和剖分$C\in\wp_k$，设C_j为剖分C的第j个类别，定义关于剖分C的性能指标

$$J_2(C):=\sum_{j=1}^{k}\sum_{x_i\in C_j}|x_i-c_j|^2 \quad (4\text{-}6)$$

令

$$J_k(C^*):=\min\{J_2(C)\mid C\in\wp_k\} \quad (4\text{-}7)$$

称$J_k(C^*)$为关于类别数k的最优剖分；令

$$J_{k^*}(C^*):=\min\{J_m(C^*)\mid m\in I_n\} \quad (4\text{-}8)$$

称满足式（4-8）的类别数k为关于样本集Ω的最佳类别数。

海冰在风、流、浪等环境动力作用下发生破碎后，由于挤压作用在冰面和冰底发生隆起而形成冰脊[42]（图 1-1）。冰脊是海冰表面最重要的粗糙特征，对大气、海冰、海水之间的动量、热量交换及冰量、冰厚估算起关键作用[114]。当海冰密集度接近 100%时，冰-气和冰-水界面的水平动量交换主要依赖海冰/冰脊表面的大气动力学粗糙度，即小尺度上依赖冰面起伏，大尺度上依赖脊帆/龙骨平均高度/深度和间距及脊帆/龙骨强度[61]。因此，关于冰脊相关特征的研究对海冰动力学模型的改进和完善有极其重要的作用。另外，由于脊帆能够改变海冰的光学和微波性质，可利用远程遥感方法（机载激光高度计、雷达等）测量其高度和间距分布[115]，而关于脊帆高度和间距分布的研究又会促进基于海冰粗糙度信息的机载遥感方法估算海冰厚度的发展[116]。

掌握脊帆几何形态特征对建立新的大尺度海冰模型有重要作用，因此关于脊帆形态的研究一直是人们关注的重要问题之一。激光剖面测绘是一种可以沿直线路径测量区域表面高度的遥感技术，机载激光剖面测高仪可用于调查冰表面粗糙度，特别适用于脊帆高度和空间分布的勘察以及冰间水道和冰裂缝的鉴别，是目前测量大尺度海冰表面形态的有效方法之一[117]，测得海冰表面高度不仅可用于多脊冰厚度的估算[54]，也可用来估算脊帆形拖曳力[40,56,61]。

国内外学者已经利用机载激光高度计[48,49,53,54,56,58]、机载电子传感设备（HEM）[9,118,119]，遥感[120]及船载系统[55]等对南北极脊帆形态和空间分布进行了观测，并得到了不同区域冰脊形态特征和空间分布。截至目前对南极区域特别是威德尔海地区（终年被冰雪覆盖，对南大洋能量收支和海洋淡水平衡起着重要作用[118]）海冰及脊帆形态的现场观测和定量分析还相对较少。为加强对威德尔海海冰的认识，德国阿尔弗雷德-魏格纳极地和海洋研究所于 2006 年 8 月 24 日—10 月 29 日在威德尔海区域开展了冬季海冰科学考察（Winter Weddell Outflow Study，WWOS 2006），研究区域覆盖 60°S～66°S，40°W～60°W。考察期间利用机载激光高度计共测得 94 个海冰表面起伏剖面。各剖面长度为 6.3～56.8 km，总长度为 2 988.5 km。

一般以切断高度为基准对海冰表面起伏进行区分，顶点高于切断高度的冰面起伏为脊帆，而低于切断高度的其他冰面起伏为局部粗糙单元。因此，必须先从海冰表面起伏中将脊帆分离出来才能对脊帆形态和分布特征进行研究。根据瑞利准则，如果把较宽的多重脊作为单脊处理，则脊帆顶点的高度至少为局部海冰起伏的 2 倍[121]。作为确定切断高度的基本准则，瑞利准则仅限定了它的最小值，而目前还没有确定该参数的有效方法。

另外，由于脊帆形态变化主要受地理位置和生长环境的影响，因此，一般采用分类的方法对其进行研究[50,51]，但是分类方法的准确性还有待提高。

目前针对脊帆切断高度和分类缺乏有效确定方法，且南极威德尔海冰脊形态的定量分析较少的情况，基于德国阿尔弗雷德-魏格纳极地和海洋研究所在 WWOS 2006 期间测得的海冰表面高度剖面，本章首先介绍了现场的基本冰情及数据的获取和处理；依据测得的海冰表面高度数据，确定出实测脊帆高度和间距分布的概率密度；以切断高度为优化变量，以脊帆高度和间距分布的概率密度数学模型与样本概率密度之间的误差为目标函数，以对应于优化参数的冰脊高度和间距分布的概率密度为约束条件，建立了具有非线性约束的统计优化模型，得到了最优切断高度，进而从海冰表面起伏中确定出冰脊；针对传统 k 均值聚类算法中存在的缺陷，将粒子群优化与传统 k 均值聚类算法相结合，在迭代过程中引入与误差准则［式（4-6）］相关的新准则确定出最佳类别数，提出了一种改进的 k 均值聚类算法；另外，考虑到地理生长环境对脊帆的形成机制有显著影响，依据脊帆强度 R_i，将所改进的算法用于所测剖面的分类，并将得到的分类结果与雷达图像作比较，以验证分类算法的有效性；在聚类基础上对各类剖面的统计特征进行了分析，讨论了脊帆强度对脊帆高度和间距分布的影响；通过显著性分析得出了脊帆高度和频次之间良好的对数相关关系，讨论了脊帆高度、间距和强度及多脊冰平均厚度等脊帆形态参数随切断高度的变化趋势；最后将本章得到的结果与南极的其他研究成果作比较，分析了参数值产生差异的原因，并初步探讨了脊帆强度对冰厚估算的影响。

4.2 现场观测和数据

4.2.1 基本冰情

图 4-1 给出了 WWOS 2006 期间利用卫星雷达测得的冰况图像及“极星号”考察船测得的冰脊调查结果。在浮冰边缘区（Marginal Ice Zone，MIZ，60°S～62°S），冰脊主要由破碎的浮冰堆积而成，由于冰层造脊率较低，使冰面变形程度相应较低，区域内脊帆高度较小，数量较少；在动力作用一年冰区和二年冰区（First-and Second-year Ice，FYI 和 SYI，62°S～63.5°S），由于动力作用引起海冰厚度增长突出，且夏季没有完全融化的海冰在下一个冬季继续冻结，因此区域内脊帆较高、较多；然而，在研究区域南部，环境外力作用导致冰山和浮冰运动速度呈现显著差异，同时冰间湖也输送了大量纯热力学生长的新生海冰，区域内脊帆高度变化范围较大：由严重变形冰形成的大而密集的冰脊仅出现在威德尔湾外流的冰架边缘附近（最大高度可达 6 m）；但拉尔森冰架前冰间湖的冰脊主要由破碎的一年冰生成，脊帆高度较小。另外，冰面上覆盖的积雪对脊帆高度的测量

精度有非常重要的影响：如果脊帆表面的雪厚小于周围冰面的雪厚，则测得的脊帆高度会偏低[122]。3 个区域的雪厚差异也非常明显：平均雪厚分别为 0.34 m（浮冰边缘区）、0.53 m（中部动力作用一年冰区和二年冰区）和 0.09 m（拉尔森冰间湖，西南方向）。调查期间开阔水域仅占研究区域总面积的 2.5%。

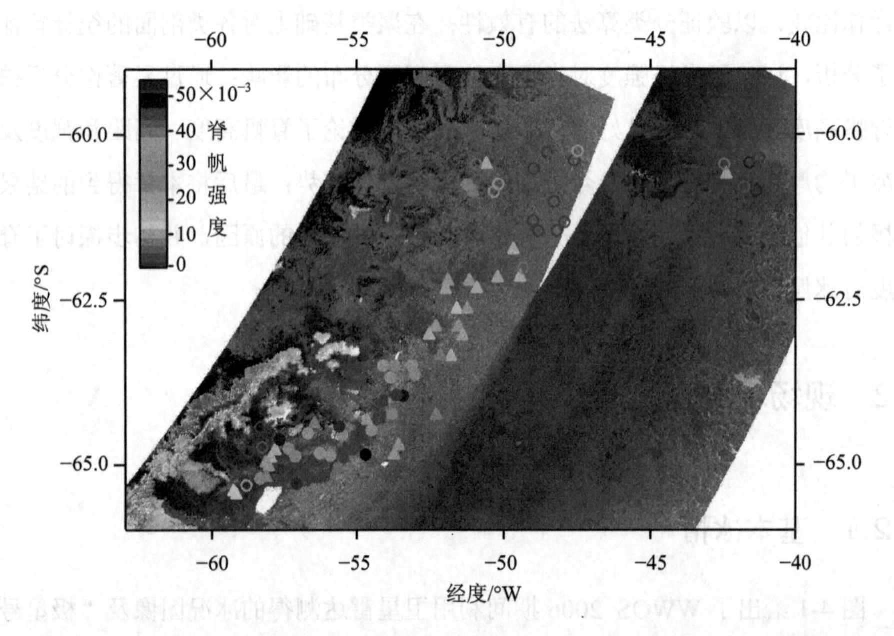

（西侧于 9 月 19 日获取，东侧于 10 月 22 日获取）符号表示沿直升机航线的激光高度计测量位置，其中“∘”表示 $R_i \leqslant 0.01$，“▲”表示 $0.01 < R_i \leqslant 0.026$，“•”表示 $R_i > 0.026$，（R_i 为脊帆强度，定义见第 4.4 节）

图 4-1 Envisat 卫星合成孔径雷达图像及脊帆调查结果

4.2.2 数据获取及处理

海冰表面高度由机载俯视 Riegl LD90 型激光高度计测得，该设备置于 EM bird 前部，悬挂于直升机下方 20 m（图 4-2）。整个装置距离海冰表面 10～20 m，激光高度计的精度为 2.5 cm，采样频率为 100 Hz，激光二极管产生的脉波长为 905 nm（红外）。测量时直升机飞行速度约为 40 m/s，相邻高程数据点的水平间距为 0.3～0.4 m，测得的数据由直升机内的计算机进行存储和处理[119]。

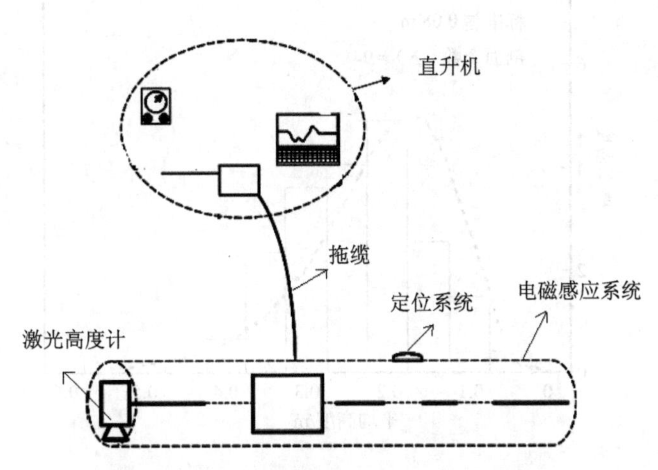

图 4-2 机载电磁感应系统（EM bird）示意图

机载激光高度计测量表面起伏数据时，飞机高度所产生的信号也会包含在测量值内。一般采用过滤的方法将由于飞机高度变化而产生的低频信号从脊帆产生的高频信号中分离出来。这里利用三步自动过滤法除去飞机运动对高程数据的影响[56,123]：首先利用高通滤波器处理原始剖面（除去由于飞机高度变化而产生的低频信号）；然后在过滤后的剖面上选取一系列极大点，同时记录下这些点的位置和高度，并用直线段连接相邻点；最后利用低通滤波器处理第二步中的曲线（除去由于测量装置噪声产生的高频信号），得到飞机运动曲线，再从原始（未过滤）剖面中除去飞机运动部分即可得到相对于平整冰面的表面高度。图 4-3 给出了处理后冰面平均高度的分布及拟合曲线，从图中容易看出，海冰上表面平均高度基本符合对数正态分布（相关系数为 0.957），总平均高度为 0.26 m，标准差为 0.08 m。

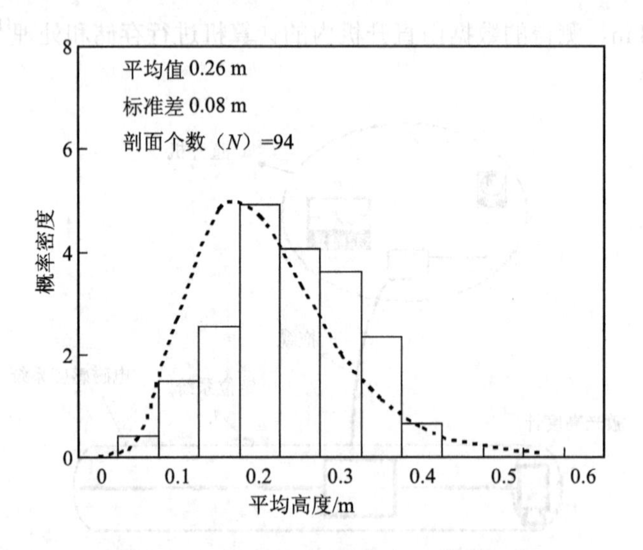

图 4-3　海冰表面平均高度概率密度分布

4.3　确定最优切断高度的统计优化模型

由于极区海冰表面常年被雪覆盖，较小的切断高度不能区分冰面的雪堆和脊帆，另外，瑞利准则没有限定切断高度的最大值，如果切断高度取值太大，会使冰面上较低的脊帆被忽略。目前还没有确定脊帆切断高度的有效方法，很多研究都是依据现场测量情况和经验选取切断高度，具有一定的任意性，不利于观测结果之间的比较，而且也使关于脊帆特征的研究容易受到研究者主观因素的影响。本节把较宽的多重脊作为单脊处理，建立关于以切断高度为优化变量，以脊帆高度和间距的概率密度数学模型和样本概率密度的误差为性能指标，以对应于优化参数的冰脊高度和间距分布的概率密度为约束条件的具有非线性约束的统计优化模型，并且利用参数辨识方法寻求最优切断高度，进而从海冰表面起伏中确定出脊帆。

4.3.1 脊帆高度和间距的分布模型

记函数 $f_h = f_h(h, h_c; \Theta)$ 和 $f_s = f_h(s, h_c; \Psi)$ 分别表示脊帆高度和间距的概率密度函数，二者都是 Lipchitz 连续的，其中 $h \in H = [h_c, h_{\max}]$ 是脊帆高度，h_c 是切断高度，$h_{\max} \in R_+$ 是最大脊帆高度，$s \in S = [s_{\min}, s_{\max}]$ 是脊帆间距，$s_{\min}, s_{\max} \in R_+$ 且 $s_{\min} < s_{\max}$，Θ和Ψ分别是与切断高度相关的参数集。

（1）脊帆高度分布模型

Hibler 等[48]假设脊帆高度的密度函数正比于 $\exp(-h^2)$，提出了脊帆高度分布的理论模型

$$f_h(h, h_c; \lambda_1) = 2\sqrt{\lambda_1/\pi}\exp(-\lambda_1 h^2) \Big/ erfc(h_c\sqrt{\lambda_1}), \qquad h > h_c \tag{4-9}$$

式中，$erfc$ 为互补误差函数，定义为

$$erfc(x) = \frac{2}{\pi}\int_x^{+\infty} \mathrm{e}^{-t^2}\,\mathrm{d}t$$

分布参数 λ_1 为未知参数，与平均脊帆高度 $< h >$ 满足

$$< h > = \exp(-\lambda_1 h_c^{\,2}) \Big/ \sqrt{\lambda_1 \pi}\, erfc(h_c\sqrt{\lambda_1}) \tag{4-10}$$

Wadhams[53]认为脊帆高度更符合指数分布

$$f_h(h, h_c; \lambda_2) = \lambda_2 \exp[-\lambda_2(h - h_c)], \qquad h > h_c \tag{4-11}$$

式中，分布参数 λ_2 为未知参数，与 $< h >$ 满足

$$\lambda_2^{-1} = < h > - h_c \tag{4-12}$$

下面研究中将式（4-9）简称 Hibler'72 型分布，式（4-11）简称 Wadhams'80 型分布。

（2）脊帆间距分布模型

类似于脊帆高度分布，Hibler 等[48]假设脊帆沿航线随机出现，并将其看作一个泊松过程，给出了脊帆间距的指数分布模型

$$f_s(s,h_c;\lambda_3)=\lambda_3\exp(-\lambda_3 s),\qquad h>h_c \tag{4-13}$$

式中，分布参数λ_3为未知参数，和平均脊帆间距$<s>$满足

$$\lambda_3=<s>^{-1} \tag{4-14}$$

Wadhams 等[51]则认为脊帆间距与对数正态分布吻合，即概率密度函数为

$$f_s(s,h_c;\theta,\mu,\sigma)=\exp[-(\ln(s-\theta)-\mu]^2/2\sigma^2)\big/\sqrt{2\pi}\sigma(s-\theta),\ \ s>\theta,h>h_c \tag{4-15}$$

式中，θ为转换参数，μ、σ分别为$\ln(s-\theta)$的均值和标准差，与平均脊帆间距$<s>$满足

$$<s>=\theta+\exp(\mu+\sigma^2/2) \tag{4-16}$$

4.3.2 确定切断高度的统计优化模型

瑞利准则作为确定切断高度的基本规则，只给定了下限，而在对脊帆形态的实际分析中常需要结合现场测量环境和研究目的对切断高度做适当调整。因此，这里基于优化思想，以切断高度为优化变量，以脊帆高度和间距的概率密度数学模型和样本概率密度的误差为性能指标建立具有非线性约束的统计优化模型，进而确定最优切断高度。

定义相对误差

$$E_h(h_c)=\sum_{i=1}^{n}\left|f_h(h_i,h_c;\Theta)-f_{hi}\right|/\sum_{i=1}^{n}\left|f_{hi}\right|,\quad h_i>h_c \tag{4-17}$$

$$E_s(h_c)=\sum_{j=1}^{m}\left|f_s(s_j,h_c;\Psi)-f_{sj}\right|/\sum_{j=1}^{m}\left|f_{sj}\right| \tag{4-18}$$

式中，$E_h(h_c)$、$E_s(h_c)$分别表示脊帆高度和间距的模型与样本概率密度的相对误差；h_i、s_j分别表示实测脊帆高度和间距；f_{hi}、f_{sj}分别表示脊帆高度和间距的样本概率密度；$f_h(h_i,h_c;\Theta)$、$f_s(s_j,h_c;\Psi)$分别表示脊帆高度和间距的理论概率密度函数（i=1，2，…，n；j=1，2，…，m）；Θ、Ψ分别表示与切断高度相关的参数集［式（4-9）～式（4-16）］。$h_c\in U_{ad}(\cdot)$，$U_{ad}(\cdot)$：=[0.52 m，1.02 m]

为容许参数集，确定该参数集的标准为：

①满足瑞利准则；

②能充分体现实测脊帆高度数据的高频部分。

显然，容许参数集$U_{ad}(h_c)$为非空有界的闭凸集。

令初值为h_{c0}=0.52 m，步长为Δh_c=0.1 m。参数辨识结果如图 4-4 所示。对应所考虑的任一切断高度，Hibler'72 型分布与实测脊帆高度的概率密度之间的相对误差均大于 20%，而 Wadhams'80 型分布与实测脊帆高度的概率密度之间的相对误差均小于 6%，且 Hibler'72 型分布与实测脊帆高度概率密度的标准差均大于 Wadhams'80 型与实测脊帆高度概率密度的标准差［图 4-4（a）］。对于脊帆间距分布［图 4-4（b）］，指数分布与实测脊帆间距的概率密度之间的最小相对误差约为 10%，而对数正态分布与脊帆间距的概率密度之间的相对误差均小于 5%；对于集合$U_{ad}(h_c)$中的任一切断高度，指数分布与实测数据间的标准差大于对数正态分布与实测数据间的标准差。因此，对容许参数集$U_{ad}(h_c)$中的任意切断高度，Wadhams'80 型和对数正态分布分别与实测脊帆高度和间距分布吻合较好。

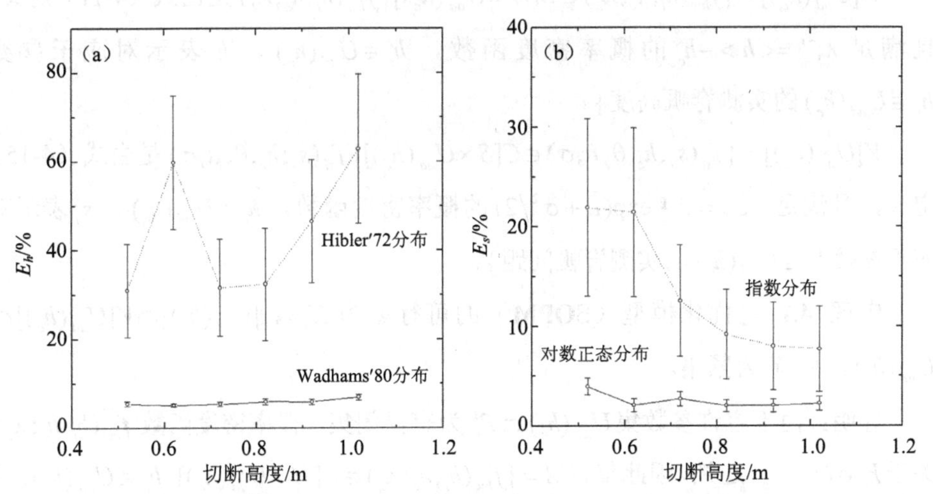

图 4-4 （a）脊帆高度的模型和样本概率密度的相对误差，（b）脊帆间距的模型和样本概率密度的相对误差

为综合考虑切断高度对脊帆高度和间距分布的影响，令

$$J(h_c) := E_{hw}(h_c) + E_{sl}(h_c) \tag{4-19}$$

式中，$J(h_c)$ 为性能指标，

$$E_{hw}(h_c) = \sum_{i=1}^{n} \left| f_h(h_i, h_c; \lambda_2) - f_{hi} \right| / \sum_{i=1}^{n} \left| f_{hi} \right|, \quad h_i > h_c \tag{4-20}$$

$$E_{sl}(h_c) = \sum_{j=1}^{m} \left| f_s(s_j, h_c; \theta, \mu, \sigma) - f_{sj} \right| / \sum_{j=1}^{m} \left| f_{sj} \right| \tag{4-21}$$

这里 $E_{hw}(h_c)$ 表示 Wadhams'80 型分布与实测脊帆高度的概率密度之间的相对误差，$E_{sl}(h_c)$ 表示对数正态分布与实测脊帆间距的概率密度之间的相对误差。建立以下具有非线性约束的统计优化模型（**SOPM**）

$$\begin{aligned} & \min J(h_c) \\ & \text{s.t. } f_{hw}(h_i; h_c, \lambda_2) \in S[U_{ad}(h_c)], \quad i = 1, \cdots, n \\ & \quad\;\; f_{sl}(s_j; h_c, \theta, \mu, \sigma) \in V[U_{ad}(h_c)], \quad j = 1, \cdots, m \\ & \quad\;\; h_c \in U_{ad}(h_c) \end{aligned} \tag{4-22}$$

在统计优化模型（**SOPM**）中，

$D[U_{ad}(h_c)] = \{f_{hw}(h_i, h_c; \lambda_2) \in C[H \times U_{ad}(h_c)] \mid f_{hw}(h_i, h_c; \lambda_2)$ 是由式（4-11）定义，且满足 $\lambda_2^{-1} = <h> - h_c$ 的概率密度函数，$h_c \in U_{ad}(h_c)$，h_i 表示对应于参数 $h_c \in U_{ad}(h_c)$ 的实测脊帆高度$\}$，

$V[U_{ad}(h_c)] = \{f_{sl}(s_j; h_c, \theta, \mu, \sigma) \in C[S \times U_{ad}(h_c)] \mid f_{sl}(s_j; h_c, \theta, \mu, \sigma)$ 是由式（4-15）定义，且满足 $<s> = \theta + \exp(\mu + \sigma^2/2)$ 的概率密度函数，$h_c \in U_{ad}(h_c)$，s_j 表示对应于参数 $h_c \in U_{ad}(h_c)$ 的实测脊帆间距$\}$。

定理 4.1 记优化模型（**SOPM**）的可行域为 $X = D[U_{ad}(h_c)] \cap V[U_{ad}(h_c)] \cap U_{ad}(h_c)$，则 X 为紧集。

证明： 由于容许参数集 $U_{ad}(h_c) \subset R_+^1$ 为有界闭集，概率密度函数 $f_{hw}(h_i, h_c; \lambda_2)$ 关于 $h_c \in U_{ad}(h_c)$ 连续，因此集合 $A = \{f_{hw}(h_i, h_c; \lambda_2) \in C[H \times U_{ad}(h_c)] \mid h_c \in U_{ad}(h_c)\}$ 为紧集；另外，$\lambda_2^{-1} = <h> - h_c$ 关于 $h_c \in U_{ad}(h_c)$ 连续，因此集合 $B = \{\lambda_2 \mid \lambda_2^{-1} = <h> - h_c, h_c \in U_{ad}(h_c)\}$ 连续，故集合 $S[U_{ad}(h_c)]$ 是紧集。同理，集合 $V[U_{ad}(h_c)]$ 是紧集，从

而统计优化模型（**SOPM**）的可行域 X 为紧集。

定理 4.2 统计优化模型（**SOPM**）的性能指标 $J(\cdot)$ 在可行域 X 内连续。

证明： 由于容许参数集 $U_{ad}(\cdot)\subset R_{+}^{1}$ 为非空有界闭集，概率密度函数 $f_{hw}(h_i,h_c;\lambda_2)$ 关于 $h_c\in U_{ad}(\cdot)$ 连续，由相对误差 $E_{hw}(h_c)$ 的定义［式（4-20）］知，$E_{hw}(h_c)$ 关于 $h_c\in U_{ad}(\cdot)$ 连续，同理，$E_{sl}(h_c)$ 关于 $h_c\in U_{ad}(\cdot)$ 连续，结合性能指标 $J(\cdot)$ 的定义［式（4-21）］知，$J(\cdot)$ 在可行域 X 内是连续的。

由定理 4.1 和定理 4.2 容易得出下面定理。

定理 4.3 $\exists h_0\in U_{ad}(\cdot)$，使得 $\forall h_c\in U_{ad}(h_c)$，有 $J(h_0)<J(h_c)$，即统计优化模型（**SOPM**）存在最优解。

图 4-5 反映的是相对误差 $E_{hw}(h_c)$ 和 $E_{sl}(h_c)$ 及性能指标 $J(h_c)$ 随切断高度的变化趋势，显然，$E_{hw}(h_c)$ 和 $J(h_c)$ 的最小值均出现在 h_c=0.62 m 处。虽然 $E_{sl}(h_c)$ 在 h_c=0.82 m 处达到最小（1.98%），但是该最小值与在 h_c=0.62 m 处的次小值（2.03%）相差很小，因此根据统计优化模型（**SOPM**），可取最优切断高度为 h_0=0.62 m。Granberg 等[58]认为切断高度应该远大于冰面高度的标准差或是冰面高度标准差的 2 倍，即 $h_0>>\sigma_e$ 或 $h_0>2\sigma_e$，其中，σ_e 是冰面高度的标准差。本章所用海冰表面高度的标准差为 σ_e=0.08 m，所得到的最优切断高度 h_0=0.62 m 明显远大于 $2\sigma_e$。

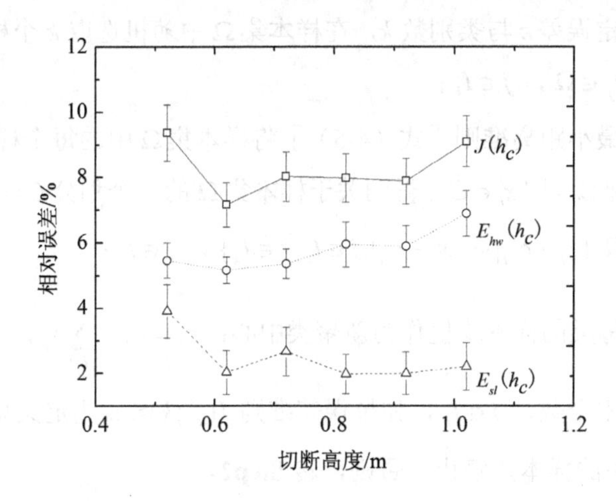

图 4-5　相对误差 $E_{hw}(h_c)$、$E_{sl}(h_c)$及性能指标 $J(h_c)$与切断高度 h_c 的关系

4.4 改进的 k 均值聚类算法及其在脊帆分类中的应用

4.4.1 改进的 k 均值聚类算法

聚类是将样本集中的元素按照相似性重新组合而形成多个类的过程，使得同类样本彼此尽量相似，而不同类的样本差异足够大。k 均值聚类算法是聚类技术中一种基于划分的模式聚类算法，基本思想是基于使聚类性能指标最小的准则，对样本集进行合理分类。该聚类算法具有简单快速，相对可伸缩（处理大数据集）和高效率性等优势，已广泛应用于数据挖掘和知识发现领域中。然而传统 k 均值聚类算法有两个非常明显的缺陷：

①需要事先制定类别数 k（具有较大的随意性）；

②采取梯度法（沿能量减小的方向进行搜索）求极值。

因此其聚类结果往往是局部最优的。

下面先介绍传统 k 均值聚类算法的基本过程。

传统 k 均值聚类算法的主要步骤如下：

Step1：给定误差 ε 与类别数 k，在样本集 Ω 中随机选取 k 个样本作为每类的初始聚类中心 $c_j \in \Omega$， $j \in I_k$；

Step2：按最小距离准则［式（4-5）］将样本集 Ω 中的每个样本 x_i， $i \in I_n$ 分配到最近的类别 C_j，即 $x_i \in C_j$，得到关于样本集 Ω 的一个划分 $C = \{C_1, C_2, \cdots, C_k\}$，其中 $C_j = \{x_i \in \Omega \,|\, |x_i - c_j| \leqslant |x_i - c_l|, i \in I_n, l \in I_k\}$， $j \in I_k$；

Step3：将每类的样本均值作为新聚类中心：$c_j = 1/n_j \cdot \sum_{i=1}^{n_j} x_i$，其中 n_j 为第 j 个类别 C_j 中的样本个数， $j \in I_k$，如果误差准则 $J(\cdot,\cdot;k) \leqslant \varepsilon$ ［定义见式（4-6）］，输出每个类别中的样本，停止；否则，转 **Step2**。

由于传统 k 均值聚类算法需要事先给出类别数并且得到的聚类结果仅是局部

最优的，在数据分析中容易导致失真现象的发生。本节将粒子群优化与传统 k 均值聚类算法相结合搜寻最优聚类中心，采用在迭代过程中不断更新误差准则的方法确定出最佳类别数，提出一种改进的 k 均值聚类算法。即在待聚类的样本集中随机选取 k 个样本作为初始聚类中心，结合标准粒子群算法[124]寻求最优聚类中心，并在聚类过程中引入与误差准则［式（4-6）］有关的函数作为评价类别数 k 的新准则。

设 C_j^k 为对应于类别数 k 的划分 $C^k=(C_1^k,C_2^k,\cdots,C_k^k)\in\wp_k$ 中的第 j 个类别，c_j^k 为类别 C_j^k 的聚类中心。考虑下面双层规划问题（**BP**）

$$
\begin{aligned}
&(U1)\quad \min J_k(k,c_j^k)=\sum_{j=1}^{k}J_c(k,c_j^k)\\
&\qquad\quad \text{s.t.}\ \ k\in I_n\\
&(L1)\quad \min_{c_j^k\in C_j^k} J_c(k,c_j^k)=\sum_{x_i^k\in C_j^k}|x_i^k-c_j^k|^2\\
&\qquad\quad \text{s.t.}\ \ x_i^k\in C_j^k,\ i\in I_n\\
&\qquad\qquad\quad c_j^k\in C_j^k,\ \ j\in I_k\\
&\qquad\qquad\quad C_j^k\subset\Omega,\ \ j\in I_k
\end{aligned}
\tag{4-23}
$$

称（$U1$）为双层规划问题（**BP**）的上层问题，（$L1$）为（**BP**）的下层问题。记（**BP**）的约束域为 $S(k,c_j^k)=\{(k,c_j^k)\,|\,x_i^k\in C_j^k,\ i\in I_n;\ c_j^k\in C_j^k,\ C_j^k\subset\Omega, j\in I_k; k\in I_n\}$，上层问题（$U1$）的容许参数集为 $U_{ad}(k)=\{k\,|\,(k,c_j^k)\in S(k,c_j^k)\}$，对任意给定的 $k\in I_n$，设下层问题（$L1$）的可行域为 $V(c_j^k)=\{c_j^k\,|\,(k,c_j^k)\in S(k,c_j^k)\}$。

定义 4.5 称 $P(k)=\{c_j^k\,|\,c_j^k\in\arg\min\limits_{l\in I_k}[J_2(k,c_j^l):c_j^l\in V(c_j^k)]\}$ 为下层问题（$L1$）的合理反应集。

记双层规划问题（**BP**）的可行域为

$$D(k,c_j^k)=\{(k,c_j^k)\,|\,(k,c_j^k)|\in S(k,c_j^k),\ c_j^k\in P(k)\}\tag{4-24}$$

定义 4.6 称 $(k^*,c_j^{k*})\in D(k,c_j^k)$ 为双层规划问题（**BP**）的全局最优解，如果 $\forall(k,c_j^k)\in D(k,c_j^k)$，有 $J_1(k^*,c_j^{k*})\leqslant J_1(k,c_j^k)$，简称 (k^*,c_j^{k*}) 为（**BP**）的全局解或最优解。

显然有以下结论成立。

定理 4.4 可行域$D(k,c_j^k)$为紧集。

定理 4.5 双层规划问题（**BP**）的目标函数在可行域$D(k,c_j^k)$内连续。

定理 4.6 双层规划问题（**BP**）的最优解存在。

下面构造求解双层规划问题（**BP**）的优化算法。

设k为类别数，$T_{\max}$为最大迭代次数，N为种群中的粒子个数，$P(t)\subset R^{k\times N}$为第$t$次迭代得到的种群。记$s_m^t=(c_{m1}^{tk},c_{m2}^{tk},\cdots,c_{mk}^{tk})^T\in R^k$为第$t$次迭代得到的第$m$个粒子，$m\in I_N$，这里$c_{mj}^{tk}$为对应于类别数$k$的第$j$个类别$C_{mj}^{tk}\in C_m^{tk}$（$j\in I_k$）的聚类中心，$C_m^{tk}\in\wp_m^k$为第$t$次迭代得到的第$m$个剖分，$I_N=\{1,2,\cdots,N\}$，$I_{k+1}=\{1,2,\cdots,k+1\}$，$I_{k-1}=\{1,2,\cdots,k-1\}$，则改进$k$均值聚类算法的主要步骤为

Step1：制定类别数k，群体大小N及最大迭代次数$T_{\max}$，令t=0。初始化种群P（0）：随机选取k个样本作为初始聚类中心，并按最小距离准则聚类。反复进行N次，生成N个初始粒子（位置）$s_m^{0k}=(c_{m1}^{0k},c_{m2}^{0k},\cdots,c_{mk}^{0k})^T$。初始化粒子速度$v_m^{0k}=(v_{m1}^{0k},v_{m2}^{0k},\cdots,v_{mk}^{0k})^T$，并将各粒子的初始位置设为个体最优位置（$p_m$），将最优的个体位置设为全局最优位置（$p_g$）。

Step2：PSO 优化过程：

Step2.1：评价适应度：$f_m^{tk}=f(s_m^{tk})=k/[1+J_c(k,c_j^k)]$，$m\in I_N$。

Step2.2：如果$f_m^{tk}>p_{m_s}$，令$p_{m_s}=f_m^{tk}$，这里p_{m_s}为个体极值，$m\in I_N$。

Step2.3：如果$\exists p_{m_s}>p_{g_s}$，$m\in I_N$，p_{g_s}为整体极值，令$p_{g_s}=\max\limits_{1\leqslant m\leqslant N}\{p_{m_s}\}$。

Step2.4：设第t代中第m个粒子的位置，速度和个体最优位置分别表示为$s_m^{tk}=(c_{m1}^{tk},c_{m2}^{tk},\cdots,c_{mk}^{tk})^T$，$v_m^{tk}=(v_{m1}^{tk},v_{m2}^{tk},\cdots,v_{mk}^{tk})^T$和$p_m^{tk}=(p_{m1}^{tk},p_{m2}^{tk},\cdots,p_{mk}^{tk})^T$，$m\in I_N$，全局最优位置表示为$p_g^k=(p_{g1}^k,p_{g2}^k,\cdots,p_{gk}^k)^T$，则第（$t$+1）代中第$m$个粒子的速度和位置为

$$v_{mj}^{(t+1)k}=w^t v_{mj}^{tk}+c_1r_1(p_{mj}^{tk}-s_{mj}^{tk})+c_2r_2(p_{gj}^k-s_{mj}^{tk}) \tag{4-25}$$

$$s_{mj}^{(t+1)k}=s_{mj}^{tk}+v_{mj}^{(t+1)k},\quad m\in I_N, j\in I_k \tag{4-26}$$

式（4-25）中，c_1、c_2为学习因子，通常取$c_1=c_2=2$；r_1、r_2为均匀分布在（0，1）区间的随机数；w为惯性权重，其大小确定了粒子对当前速度的继承程度。这里采用典型线性递减策略[125] 对w进行改进，即

$$w^t = w_s - (w_s - w_e)t / T_{\max} \tag{4-27}$$

式中，w_s、w_e分别为初始和终止惯性权重，一般取$w_s=0.9$，$w_e=0.4$。

Step3：利用最小距离准则确定对应群体P（$t+1$）中每个粒子$s_m^{(t+1)k}$的聚类划分，$m \in I_N$。令$t=t+1$。如果$t < T_{\max}$，转 Step2。

Step4：输出最优粒子及相应的划分。令$Q(k) = \min\limits_{j \in I_k} J_c(k, c_j^k)$。

Step5：计算各类中样本与聚类中心的平均距离：$\overline{d}_j = 1/n_j \cdot \sum\limits_{x_i \in C_j^k} |x_i - c_j^k|$，$j \in I_k$；选出平均距离最大的类将其分为两类，计算$J_c(k+1, c_j^k)$，$j \in I_{k+1}$令$Q(k+1) = \min\limits_{j \in I_{k+1}} J_c(k, c_j^k)$。

Step6：移除 Step4 中包含数据最少的类，并将该类中样本移入最邻近的其他类中；计算$J_2(k-1, c_j^k)$，$j \in I_{k-1}$。令$Q(k-1) = \min\limits_{j \in I_{k-1}} J_c(k-1, c_j^k)$。

Step7：取$k = \arg\max\{Q(k-1), Q(k), Q(k+1)\}$，如果$Q(k-1) = Q(k) = Q(k+1)$，停止，输出最佳类别数$k$；否则，转 Step2。

由上面处理过程可以看出，改进的k均值聚类算法在产生下一代群体时具有较大的随机性，有效地克服了传统k均值算法易陷入局部极小值的缺点，而且由于粒子群算法不存在随机寻优的退化现象，所以收敛比较平稳，有较快的收敛速度。另外，在迭代过程引入的准则函数Q（k）有效保证了最优类别数k的确定。

为更好地评估算法的聚类结果，除误差准则［式（4-6）］以外，引入最大类内距离和最小类间距离。类内距离是指类内样本与聚类中心间的平均欧氏距离，最大类内距离：

$$d_{ic\_\max} = \max_{1 \leqslant j \leqslant k} \{1/n_j \cdot \sum_{x_i \in C_j} \left\| x_i - c_j \right\|\} = \max_{1 \leqslant j \leqslant k} \bar{d}_j \tag{4-28}$$

类间距离是指任意两个聚类中心间的欧氏距离，最小类间距离：

$$d_{bc\_\min} = \min_{\substack{1 \leqslant j, j' \leqslant k \\ j \neq j'}} \{\left\| c_j - c_{j'} \right\|\} \tag{4-29}$$

4.4.2 改进的 k 均值聚类算法在脊帆分类中的应用

由于脊帆强度与脊帆的垂向和水平分布均有联系，因此可作为脊帆分类的依据[56]。

本节依据脊帆强度，将传统和改进 k 均值算法用于 WWOS 2006 期间所测的激光剖面分类中，并对分类结果进行分析。改进 k 均值算法的结果表明，k=3 为最佳类别数（各类别分别记为 C_1、C_2 和 C_3）。

图 4-6（a）、（b）分别给出了传统 k 均值算法和改进 k 均值算法对应于 k=3 的聚类结果，其中改进 k 均值算法中的粒子群规模为 N=10，最大迭代次数为 $T_{\max}$=500。从图中可清楚地看出，传统 k 均值算法易陷入局部优化，相邻类别间边界比较模糊，且同一类中包含形成机制不同的样本，不能对样本进行正确分类［图 4-6（a）］，而改进 k 均值算法中不存在这些现象［图 4-6（b）］，聚类效果较好。从图 4-6（b）还可以看出，类别 C_1 所含剖面最多（约占剖面总个数的 44%），其余两类剖面分别约占 33%（C_2）和 23%（C_3）。表 4-1 给出了两种聚类算法的评价指标［误差平方和（J），最大类内距离（$d_{ic\_\max}$）和最小类间距离（$d_{bc\_\min}$）］，同样表明改进 k 均值算法的聚类效果较好。

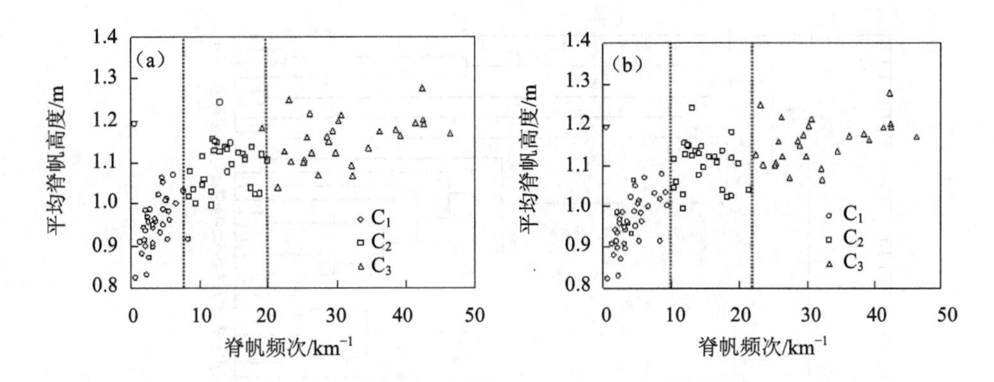

图 4-6 传统 *k* 均值算法聚类结果（a），改进 *k* 均值算法聚类结果（b）

表 4-1 传统 *k* 均值算法和改进 *k* 均值算法的评价指标

算法	$J/10^4$	$d_{ic\_max}/10^4$	$d_{bc\_min}/10^4$
传统 *k* 均值算法	37.1	7.9	114
改进 *k* 均值算法	34.6	7.7	122

另外，改进 *k* 均值算法的结果表明，当 k=3 时，不但各类所含剖面数量均占剖面总数的 10%以上（比例太少的分类将无统计意义），而且分类结果能够较好地反映不同地理分区的脊帆特征（图 4-1）。聚类分枝树如图 4-7 所示，从图中明显地可以看出 3 类不同的剖面：$R_i \leqslant 0.01$、$0.01 < R_i \leqslant 0.026$ 和 $R_i > 0.026$，即图 4-6（b）中的类别 C_1、C_2 和 C_3。

结合图 4-1 和图 4-7 可以看出，对应于最优切断高度 h_0=0.62 m，浮冰边缘区和拉尔森冰间湖所测得的剖面脊帆强度较小（$R_i \leqslant 0.01$），其中拉尔森冰间湖区域内最小的脊帆频次为 km^{-1}。脊帆强度较大（$0.01 < R_i \leqslant 0.026$）的剖面主要出现在研究区域中部的一年冰区和二年冰区。而脊帆强度最大（$R_i > 0.026$）的剖面除了一个出现在中部区域（由二年冰区形成），其他仅出现在威德尔湾的冰架边缘附近。以上分析说明地理环境对脊帆强度有显著影响。

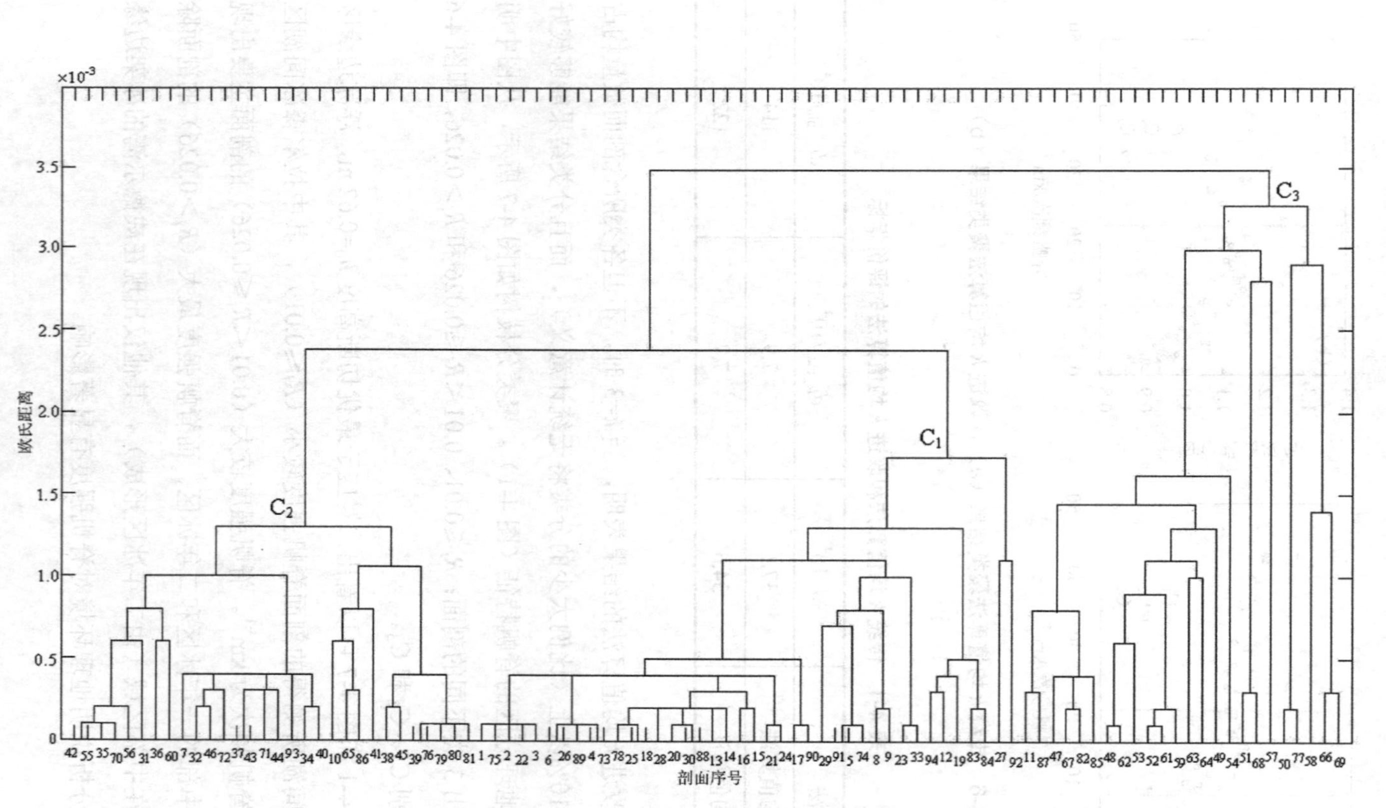

注：x 轴的数字1，2，…，94分别表示剖面序号。

图 4-7 k 均值聚类

4.4.3　各类剖面脊帆的统计特征和形态参数

为更好地了解各类剖面的脊帆特征，表 4-2 给出了每个类别中剖面总长度，平均脊帆高度和间距，平均脊帆强度。从表中容易看出，C_1 的剖面长度最大，约占总测量长度（2 988.5 km，94 个）的 42%，其余两类剖面的长度分别占剖面总长度的 33%（C_2）和 25%（C_3）。对应 3 类剖面，平均脊帆高度随脊帆强度的增大由 0.99 m 增至 1.17 m，而平均脊帆间距则由 232 m 快速减至 31 m，说明平均脊帆间距远大于平均脊帆高度随脊帆强度的变化速度，而 Lytle 等[55]通过对威德尔海平均冰脊高度和间距研究也得到同样结论。因此，脊帆间距是影响脊帆强度的最重要因素。另外，图 4-1 中雷达的反向散射信号也主要受脊帆频次的影响。图 4-8 为代表性剖面示意图，从图中可直观看出，脊帆强度越大，脊帆越密集（频次越大），对应海冰表面越粗糙。

表 4-2　各类剖面的基本参数

类别	L/km	$\langle h\rangle$/m	$\langle s\rangle$/m	$\langle R_i\rangle$
C_1	1 240.7	0.99（±0.073）	232（±239.827）	0.004（±0.002）
C_2	992.9	1.12（±0.055）	54（±20.006）	0.017（±0.004）
C_3	754.9	1.17（±0.038）	31（±5.627）	0.038（±0.007）

注：剖面长度 L，平均脊帆高度$\langle h\rangle$和间距$\langle s\rangle$，平均脊帆强度$\langle R_i\rangle$，括号内数字为标准差。

多脊冰平均厚度对海冰总量的估算至关重要。Hibler 等[126]假设脊帆走向在平面内随机分布，且横断面为等腰三角形（图 1-1），将多脊冰平均厚度表示为

$$h_r=\pi/2\cdot(1+t)\cdot\langle h^2\rangle/\langle s\rangle\cdot\cot\varphi,\quad h>h_0 \qquad (4\text{-}30)$$

式中，φ为平均脊帆倾角；t 为水线下和水线上海冰体积之比；$\langle h^2\rangle$为脊帆高度平方的均值；h_r 为多脊冰平均厚度，本节依据 Dierking[56]取 t=4 和φ=26°。对于等腰三角形的脊帆断面，平均脊帆宽度为$\langle w\rangle=2\langle h\rangle\cot\varphi$，平均脊帆横截面积为 $S_s=\langle h^2\rangle\cot\varphi$。如果脊帆均匀且各向同性，则脊帆所占面积可表示为$\alpha_r=\langle w\rangle l$，其中 $l=\pi/2\langle s\rangle^{-1}$ 为单位面积上的脊帆总长度。如果冰面完全被脊帆覆盖，则有效厚度为 $h_r^*=h_r/\alpha_r$。

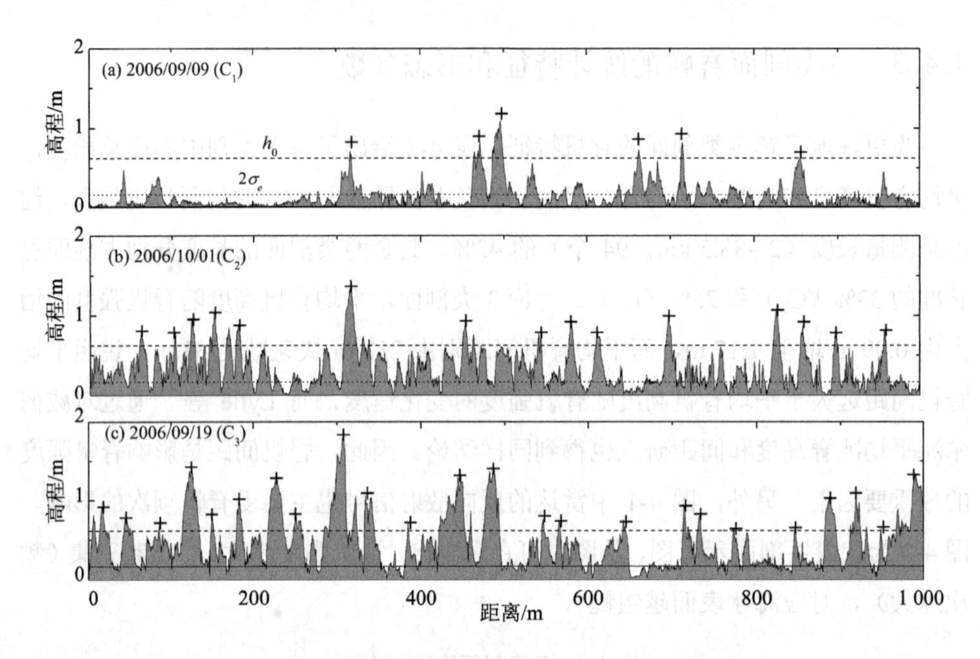

注：h_0：切断高度；σ_e：海冰表面高度的标准差；"+"：脊帆顶点。

图 4-8 对应于切断高度 0.62 m 的各代表性剖面的表面高度

由表 4-3 可知，各参数值均随脊帆强度增大而增大。多脊冰平均厚度由 0.07 m（C_1）快速增至 0.92 m（C_3），这种快速变化主要是由脊帆频次从类别 C_1 到 C_3 的显著增长引起。脊帆所占面积由 0.03 m^2 增至 0.24 m^2，各类剖面的平均脊帆宽度和横截面积，多脊冰有效厚度偏差均较小。由以上分析可知，虽然威德尔海西北部不同区域海冰的变形程度差异显著，脊帆形状变化却不明显。

表 4-3 各类剖面的脊帆形态参数

类别	$\langle w \rangle$/m	h_r/m	α_r	h_r^*/m	S_s/m^2
C_1	3.96	0.07	0.03	2.48	1.96
C_2	4.48	0.36	0.13	2.80	2.51
C_3	4.68	0.69	0.24	2.93	2.74

4.5 脊帆强度对脊帆高度和间距分布的影响

由于脊帆强度与脊帆高度和间距均有密切关系，因此，虽然第 4.3 节的研究已经表明在所考虑的任一切断高度下，Wadhams′80 型和对数正态分布分别与实测脊帆高度和间距分布吻合较好，仍需讨论脊帆强度对脊帆高度和间距分布的影响（对应于第 4.3 节得到的最优切断高度 h_0=0.62 m）。

4.5.1 脊帆强度对脊帆高度分布的影响

为深入分析脊帆强度对脊帆高度分布的影响以及脊帆高度模型与样本概率密度对应不同脊帆强度的吻合情况，图 4-9 给出了聚类后脊帆高度的概率密度函数（PDFs，参数值λ_1见表 4-4）。从图中可以看出，尽管类别 C_1［图 4-9（a）］和 C_2［图 4-9（b）］尾部存在离散点，Wadhams′80 型分布对任一脊帆强度均与实测脊帆高度分布吻合较好。对应所有脊帆强度，Hibler′72 型分布均低估了两端脊帆的出现频率（C_1: 0.8 m<h<1.9 m、C_2: 0.8 m<h<2.0 m 及 C_3: 0.9 m<h<2.1 m），却高估了中间部分脊帆的出现频率；但随着脊帆强度的增大，Hibler′72 型分布与实测数据的尾部偏差有减小的趋势。

表 4-4 Hibler′72 型和 Wadhams′80 型分布的参数值

类别	Hibler′72 型分布（λ_1）	Wadhams′80 型分布（λ_2）
C_1	1.093	2.727
C_2	0.680	1.993
C_3	0.587	1.814

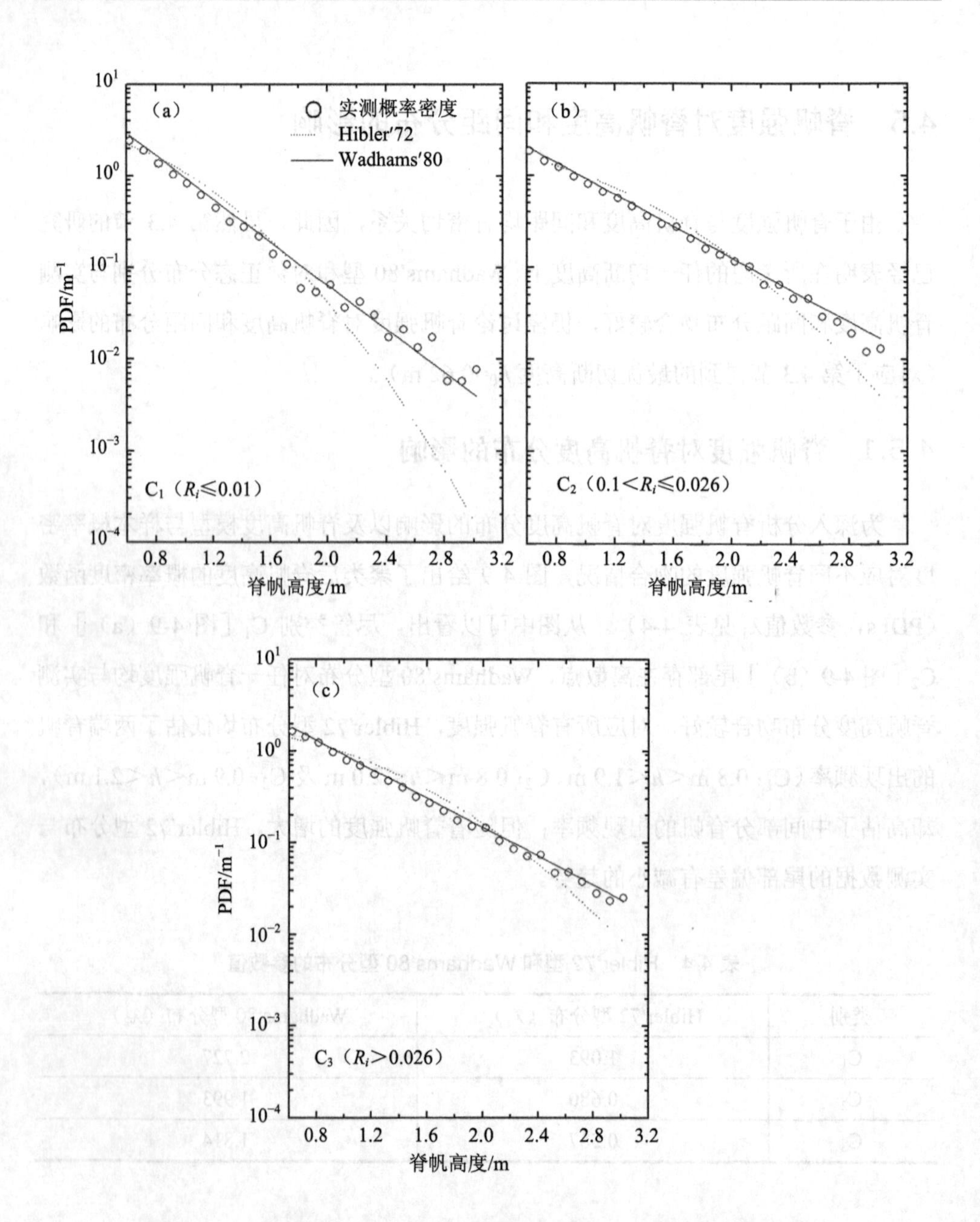

图 4-9　对应不同类别的脊帆高度概率密度函数（相关系数见表 4-5）

回归分析结果（表 4-5）表明，对任意脊帆强度，Hibler′72 型和 Wadhams′80 型分布与实测脊帆高度分布之间的线性相关系数都大于 0.9，且前者均小于后者。

表 4-5 Hibler′72 型和 Wadhams′80 型分布与脊帆高度样本概率密度之间的线性相关系数

类别	Hibler′72 型分布	Wadhams′80 型分布
C_1	0.969	0.992
C_2	0.975	0.998
C_3	0.979	0.999

为量化模型与实测分布的偏差，定义平方差均值

$$E_{mh}(h) = 1/n\sum_{i=1}^{n}[f_h(h_i,h_0;\Theta) - f_{hi}]^2, \quad h_i > h_0 \tag{4-31}$$

式中，E_{mh}（h）为脊帆高度的模型与样本概率密度的平方差均值，其他变量、函数定义同第 4.3.2 节。表 4-6 给出了 Hibler′72 型和 Wadhams′80 型分布与实测脊帆高度分布的概率密度平方差均值，从表中明显可以看出，对于 3 个类别，Wadhams′80 型分布与脊帆高度的样本概率密度平方差均值均比 Hibler′72 型分布与实测脊帆高度的样本概率密度平方差均值小一个量级，与图 4-9 中的结果相吻合。从表 4-6 中还可以看出，两种分布与实测脊帆高度分布的概率密度平方差均值均随脊帆强度的增大而减小，表明当脊帆强度增大到某一临界值时，Hibler′72 型分布可能会与实测脊帆高度分布吻合。

表 4-6 Hibler′72 型和 Wadhams′80 型分布与实测脊帆高度分布之间的平方差均值

类别	Hibler′72 型分布	Wadhams′80 型分布
C_1	0.380	0.015
C_2	0.033	0.005
C_3	0.027	0.002

4.5.2 脊帆强度对脊帆间距分布的影响

图 4-10 给出脊帆间距的概率密度函数 PDFs（由参数辨识得θ=2.5 m，对数正态分布的参数值见表 4-7），从图中可以看出，对于 3 类剖面，对数正态分布虽然略微高估了两端的脊帆间距［C_1 和 C_2：$s\leqslant100$ m 图 4-10（a）、（b）；C_3：$s\leqslant80$ m，图 4-10（c）］，但是均与实测脊帆间距分布吻合较好，且对应于类别 C_3 的吻合程度最好；指数分布与实测脊帆间距分布的偏差较大。对应不同脊帆强度，指数分布均高估了实测脊帆间距中间部分［图 4-10（a）：60 m$\leqslant s\leqslant$980 m，图 4-10（b）：20 m$\leqslant s\leqslant$220 m 和图 4-10（c）：20 m$\leqslant s\leqslant$140 m］的出现频率，且该范围随脊帆强度的增大而减小；而且低估了偏小和偏大脊帆间距的出现频率，导致尾部偏差随脊帆强度的增大而增大。

表 4-8 给出了指数分布和对数正态分布的概率密度函数与脊帆样本概率密度函数之间的相关系数。从表中可以看出，对于 3 类剖面，对数正态与实测脊帆间距分布的概率密度之间的相关系数均大于 0.98，而指数分布与实测脊帆间距分布的概率密度之间的相关系数均小于 0.93。

表 4-7　对数正态分布的参数值

类别	μ	σ
C_1	3.673	2.100
C_2	2.535	1.684
C_3	2.145	1.497

表 4-8　指数和正态对数分布与实测脊帆间距分布之间的线性相关系数

类别	指数分布	对数正态分布
C_1	0.688	0.990
C_2	0.867	0.995
C_3	0.928	0.998

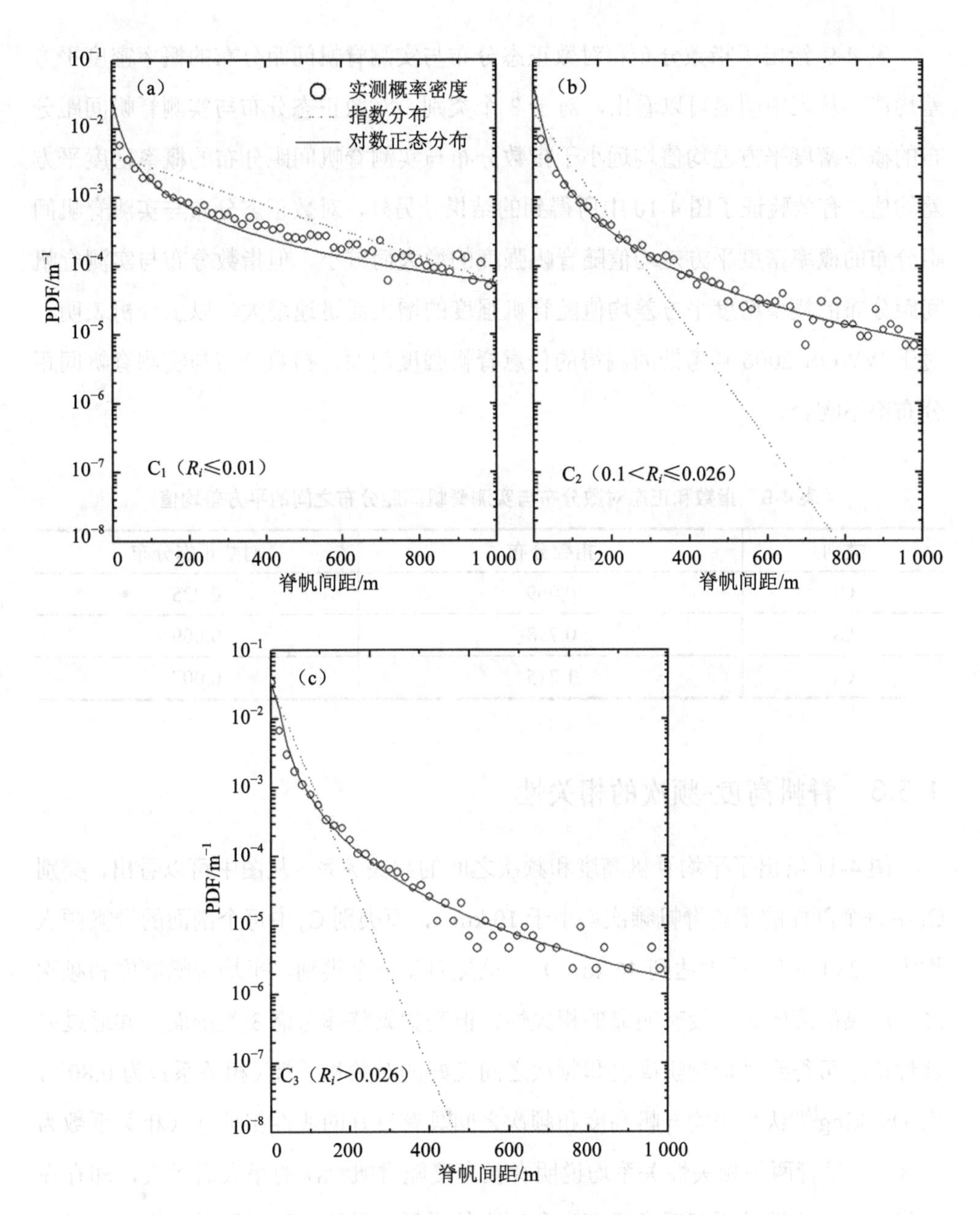

图 4-10 对应不同类别的脊帆间距概率密度函数（相关系数见表 4-8）

表 4-9 给出了指数分布和对数正态分布与实测脊帆间距分布的概率密度平方差均值，从表中明显可以看出，对于 3 个类别，对数正态分布与实测脊帆间距分布的概率密度平方差均值均远小于指数分布与实测脊帆间距分布的概率密度平方差均值，有效验证了图 4-10 中所得到的结果。另外，对数正态分布与实测脊帆间距分布的概率密度平方差均值随脊帆强度的增大而减小，但指数分布与实测脊帆间距分布的概率密度平方差均值随脊帆强度的增大而迅速增大。以上分析表明，对于 WWOS 2006 科考期间测得的任意脊帆强度剖面，指数分布与实测脊帆间距分布都不吻合。

表 4-9 指数和正态对数分布与实测脊帆间距分布之间的平方差均值

类别	指数分布	对数正态分布
C_1	0.069	0.025
C_2	0.798	0.009
C_3	1.215	0.007

4.5.3 脊帆高度-频次的相关性

图 4-11 给出了平均脊帆高度和频次之间的相关关系。从图中可以看出，类别 C_1 中每个剖面的平均脊帆频次均小于 10 km^{-1}，而类别 C_3 中每个剖面的脊帆频次均大于 23 km^{-1}（最大达到 46 km^{-1}）。虽然对于每个类别，平均脊帆高度和频次之间的离散度较大，没有明显的相关性，但是如果整体考虑 3 类剖面，并通过显著性检验可得到平均脊帆高度和频次之间良好的对数相关性（相关系数为 0.80），而 Dierking[56]认为平均脊帆高度和频次之间具有良好的线性相关性（相关系数为 0.78）。尽管两种相关性关系均说明脊帆高度随脊帆频次的增大而增大，却存在明显差异：线性关系表明脊帆高度和频次的增量为常数，而对数关系表明脊帆高度和频次的增量的比值随脊帆频次的增大而减小。另外，由图 4-11 中的数据还可以看出，对于给定的脊帆频次增量，对应较小脊帆强度的脊帆间距和高度的增量

均大于对应较大脊帆强度的脊帆间距和高度的增量。因此对数关系能很好地说明脊帆高度远小于脊帆间距随脊帆强度的变化（表 4-3），但从 Dierking[56]得到的线性关系不能看出脊帆高度和间距的上述变化情况。因此，本节得到的平均脊帆高度和频次之间的对数相关关系能够更好地刻画脊帆的形态和空间分布特征。

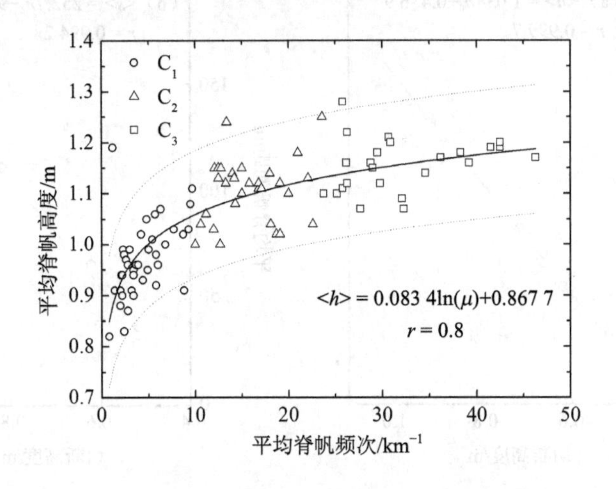

注：r 表示相关系数，实线表示拟合曲线，虚线表示 95%置信区间的上下界。

图 4-11　各剖面的平均脊帆高度和频次的关系

4.6　相关分析和讨论

4.6.1　切断高度对脊帆形态参数的影响

由前面分析易知，切断高度是从海冰表面起伏中确定出脊帆的基本依据，对脊帆形态参数的统计或估算起关键作用。尽管第 4.3.2 节已通过建立优化模型的方法得到了最优切断高度，但是切断高度对脊帆形态参数的影响仍值得分析和探讨。

依据研究区域内的海冰表面高度数据，图 4-12 给出了平均脊帆高度和间距，平均脊帆强度及多脊冰平均厚度随切断高度的变化趋势，表明平均脊帆高度和间距均与切断高度有良好的线性相关性［图 4-12（a）、（b）］，因此图 4-12（a）、（b）

中的线性相关函数可用来估算对应不同切断高度的平均脊帆高度和间距。图 4-12（c）、（d）中的数据则表明平均脊帆强度和多脊冰平均厚度均随切断高度的增大呈幂指数形式快速减小。

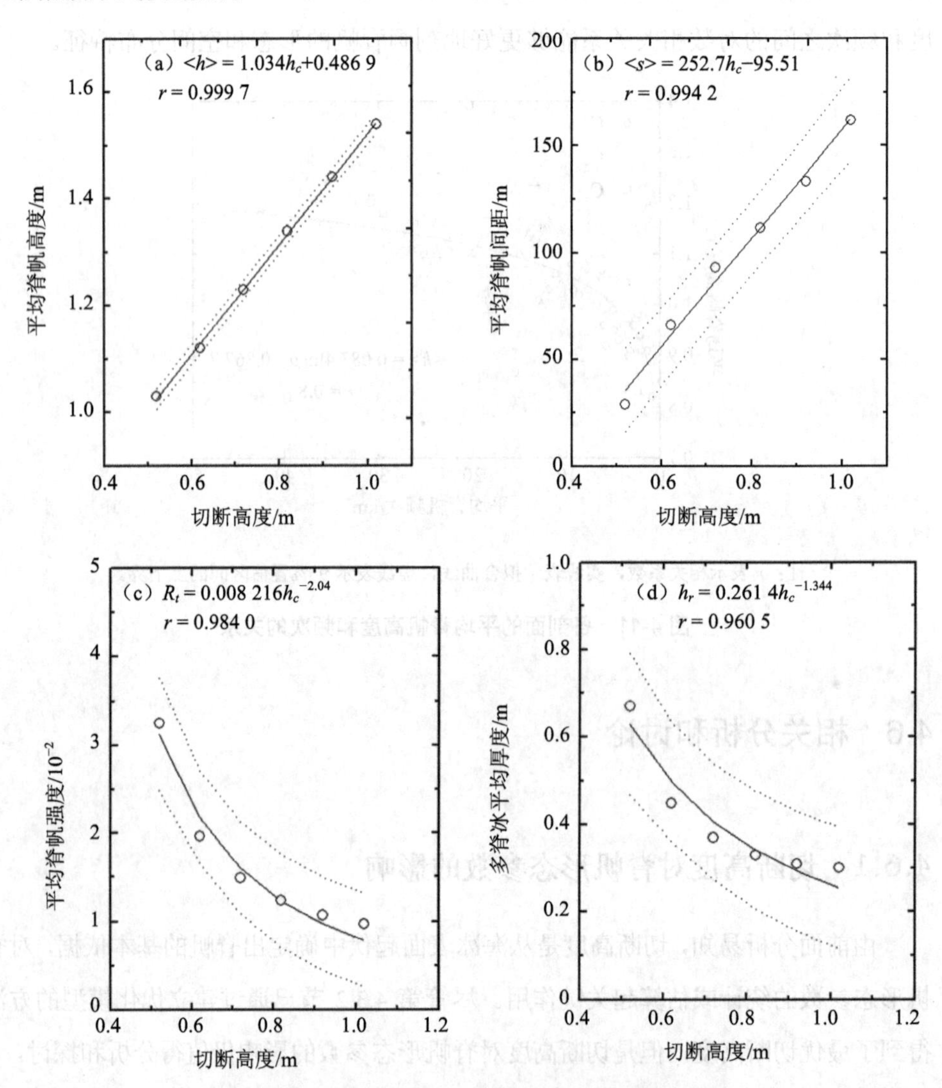

注：实线为最小二乘拟合曲线，虚线为 95%置信区间的上下界。

图 4-12 （a）脊帆高度、（b）脊帆间距、（c）脊帆强度和（d）多脊冰平均厚度随切断高度的变化趋势

4.6.2 与南极其他研究的比较

除 Lytle 等[55]利用船载声学探测系统测得了东威德尔海总长度为 415 km 的剖面以外，目前对南极脊帆形态特征的研究大都以机载激光高度计测得的数据为依据[54-56,58,115]，由于观测区域、时间及选取切断高度的标准不同，各研究所选取的切断高度也各不相同（Lytle 等[55]：h_0=0.75 m；Dierking[56]，Weeks 等[54]及 Granberg 等[58]：h_0=0.91 m；Haas 等[115]：h_0=0.80 m），关于脊帆形态参数的估算中所使用的几何参数也存在差异：一些研究利用 t=9 和φ=25°[54,55,58]，而 Dierking [56]利用 t=4 和φ=26°。为了与前人的研究结果进行比较，我们利用图 4-12（a）、（b）中的线性相关函数估算出威德尔海对应于不同切断高度的平均脊帆高度和间距，同时，本书的研究中对应不同切断高度的多脊冰平均厚度需乘以 2 后再与其他研究[54,55,58]比较。

图 4-13 给出了本章与其他研究的脊帆形态参数的比较结果。从图中明显可以看出，与前人的研究相比，本章的平均脊帆高度均较大［图 4-13（a）］。平均脊帆频次和脊帆强度比埃蒙斯海和威德尔海小[115]，但与其他研究得到的结果相似［图 4-13（b）、（c）］。多脊冰平均厚度与 Granberg 等[58]相似，但远大于 Weeks 等[54]得到的结果［图 4-13（d）］；另外，虽然直观上 Lytle 等[55]得到的多脊冰平均厚度比本研究得到的结果小，但它在本章所得到的多脊冰平均厚度误差范围之内，因此可认为二者相似；Dierking [56]认为多脊冰平均厚度为 0.14～1.16 m，虽然他没有给出该参数的平均值，但由于本章所得到的平均脊帆高度和频次均较大，因此多脊冰平均厚度明显较大。

设$\langle h\rangle_{c0}$和$\langle s\rangle_{c0}$分别是对应切断高度 h_{c0} 的平均脊帆高度和间距，Dierking[56]及 Granberg 等[58]给出了不同切断高度下的平均脊帆高度和间距的转化公式

$$\langle h\rangle=\langle h\rangle_{c0}+h_c-h_{c0} \tag{4-32}$$

$$\langle s\rangle=\exp[\lambda_2(h_c-h_{c0})]\langle s\rangle_{c0} \tag{4-33}$$

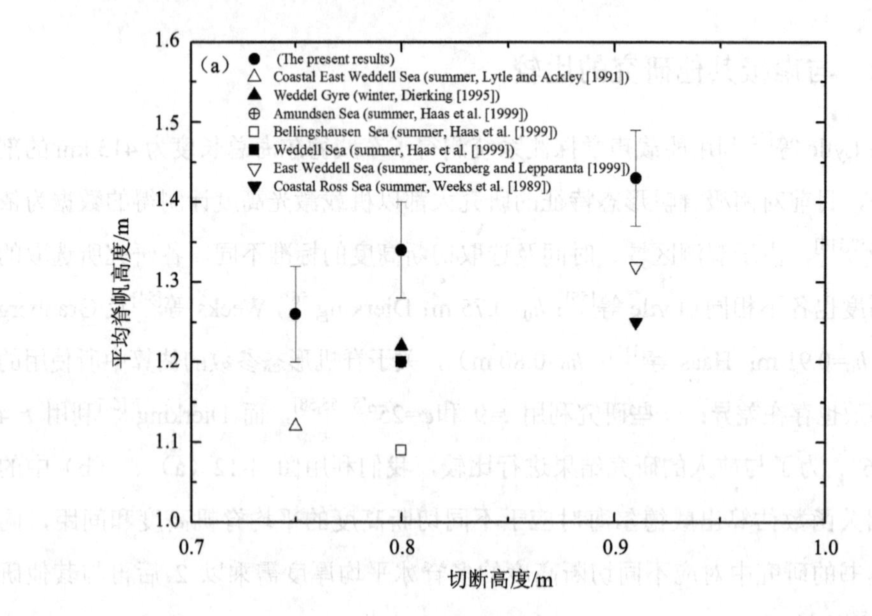
(a)
(The present results)
Coastal East Weddell Sea (summer, Lytle and Ackley [1991])
Weddel Gyre (winter, Dierking [1995])
Amundsen Sea (summer, Haas et al. [1999])
Bellingshausen Sea (summer, Haas et al. [1999])
Weddell Sea (summer, Haas et al. [1999])
East Weddell Sea (summer, Granberg and Lepparanta [1999])
Coastal Ross Sea (summer, Weeks et al. [1989])
平均脊帆高度/m
切断高度/m
1.6
1.5
1.4
1.3
1.2
1.1
1.0
0.7
0.8
0.9
1.0

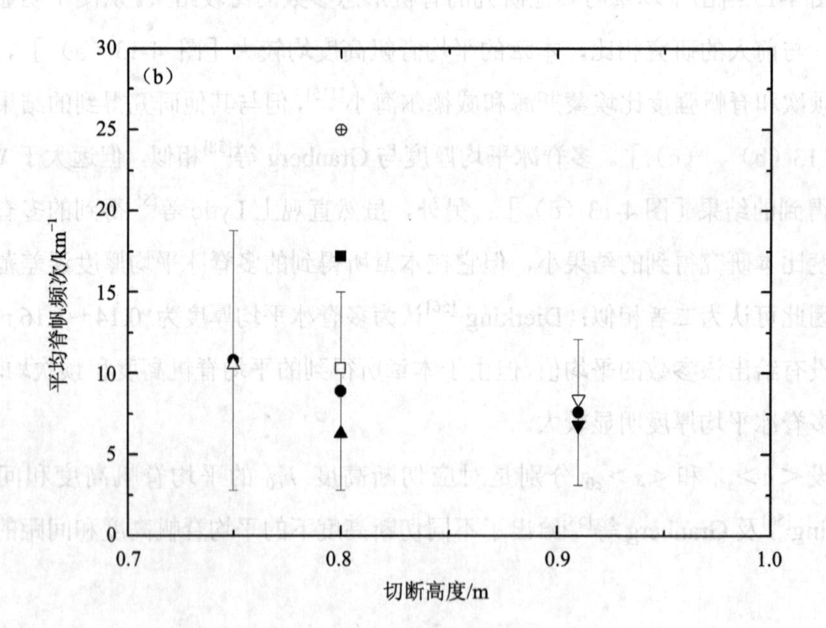
(b)
平均脊帆频次/km^{-1}
切断高度/m
30
25
20
15
10
5
0
0.7
0.8
0.9
1.0

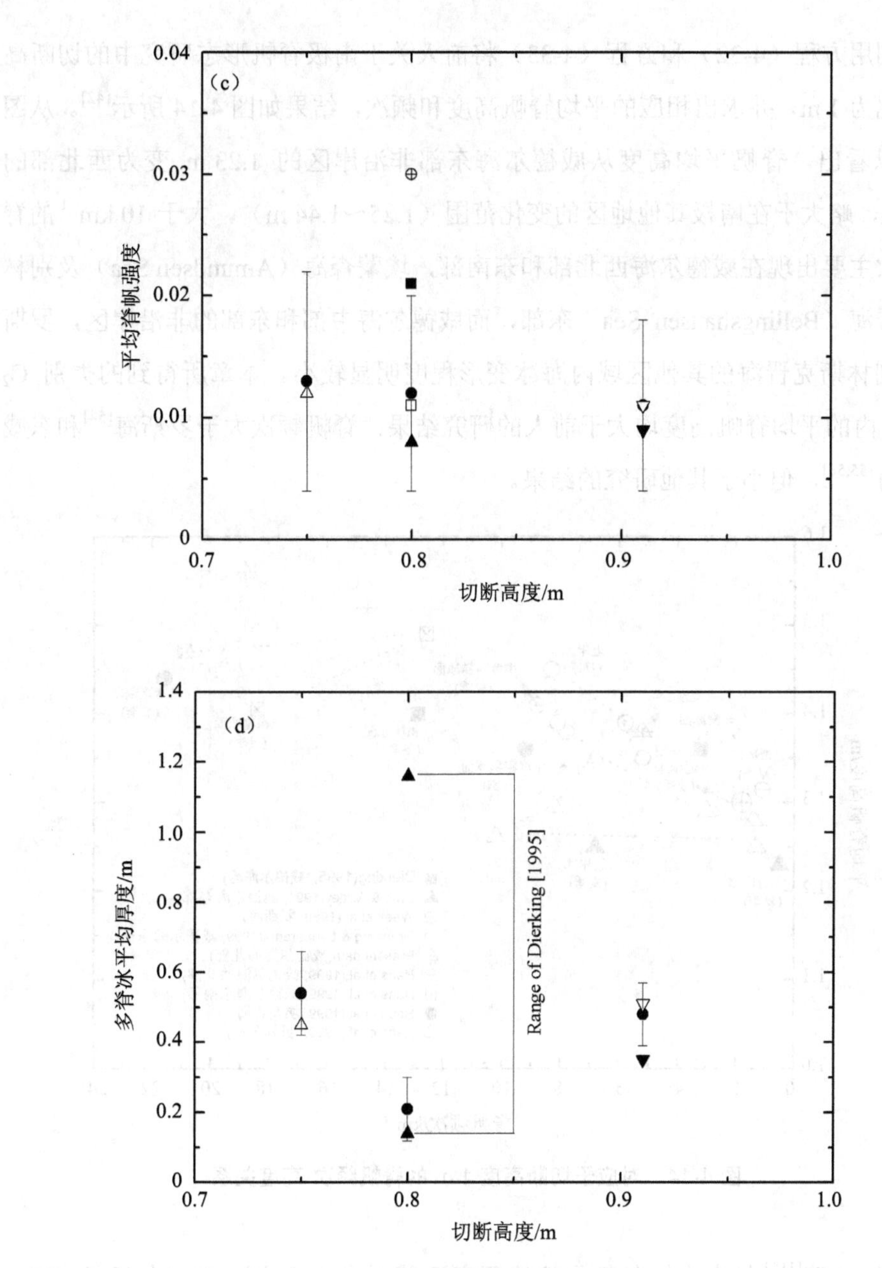

图 4-13 （a）脊帆高度、（b）脊帆频次、（c）脊帆强度和（d）多脊冰平均厚度与其他研究相应参数的比较

利用方程（4-32）和方程（4-33）将前人关于南极脊帆形态研究中的切断高度转化为 1 m，并求出相应的平均脊帆高度和频次，结果如图 4-14 所示[42]。从图中可以看出，脊帆平均高度从威德尔海东部非沿岸区的 1.23 m 变为西北部的 1.56 m，略大于在南极其他地区的变化范围（1.25～1.44 m）。大于 10 km^{-1} 的脊帆频次主要出现在威德尔海西北部和东南部，埃蒙森海（Amundsen Sea）及别林斯克晋海（Bellingshausen Sea）东部，而威德尔海中部和东部的非沿岸区，罗斯海及别林斯克晋海的其他区域内海冰变形程度明显较小。本章所得到的类别 C_2 和 C_3 内的平均脊帆高度均大于前人的研究结果；脊帆频次大于罗斯海[54]和东威德尔海[55,58]，但小于其他研究的结果。

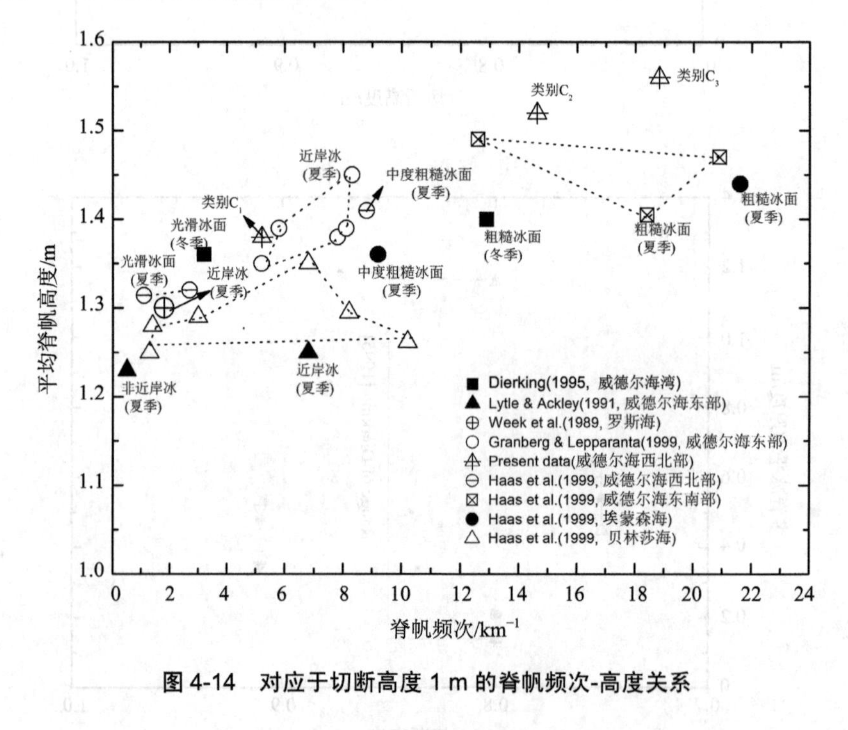

图 4-14 对应于切断高度 1 m 的脊帆频次-高度关系

Haas 等[115]在威德尔海西北部的研究区域，本书研究区域的南部（65°S～70°S），且观测地点靠近冰缘，因此与本章中类别 C_1 的平均脊帆强度相似。Dierking[56]的观测区域包含了 WWOS 2006 期间测得的浮冰边缘区，在两者的重叠区域内平均脊帆高度相似，但本章得到的平均脊帆频次却较大。

由以上分析容易看出，本书的研究与前人得到的参数值存在一些差异。这些差异可能由以下几个方面引起：

①冰脊形态的季节和年际变化与底冰的物理性质直接相关：WWOS 2006 的数据是在冬季测得，且比其他研究至少晚 10 年（图 4-14）；

②冰脊的形成机制受地理位置和生长环境的影响：例如，罗斯海（特别是边缘冰区）的冰脊形成主要与波浪引起的海冰变形有关，由于埃蒙森海与南大洋相邻，比威德尔海更容易受到风、流、浪等外界驱动力的影响，因此海冰的变形、脊化程度较大；

③冰龄对海冰变形的显著影响：一般地，海冰变形程度随冰龄的增加而增大[55]。

4.6.3 脊帆强度对冰厚估算的影响

海冰厚度是反映海冰生消过程的综合指标和海冰数值模式中的重要参数。但是由于极地海冰的复杂性，很难直接测得其厚度数据。因此，通过出水高度对海冰厚度进行估算已成为研究海冰厚度的重要方法。目前，已有一些这方面的研究[127,128]。

图 4-15 给出了由机载电磁感应系统（HEM）和激光高度计测得的 94 个剖面的平均冰厚和脊帆强度的相关关系，显著性检验结果表明平均冰厚和脊帆强度之间具有良好的线性相关性［相关系数（r）= 0.79］，因此，在未来工作中可以考虑通过脊帆强度实现对平均冰厚的估算。另外，由前面分析（第 4.3.3 节）可知，脊帆间距不但影响海冰表面粗糙度，而且是脊帆强度的一个重要影响因素，因此可以推测，从机载或星载合成孔径雷达和激光高度计测得的海冰表面起伏数据中不仅能够获取海冰厚度，并且可以反演冰面出水高度[129]。但值得说明的是，在脊帆强度 $R_i = 0$ 处，利用图 4-15 中的相关函数得到的平均冰厚（h）= 1.6 m（截距）的意义还有待探讨，脊帆强度和平均冰厚的这种线性相关关系还需要用更多、更

广泛的现场数据进行验证和改进。

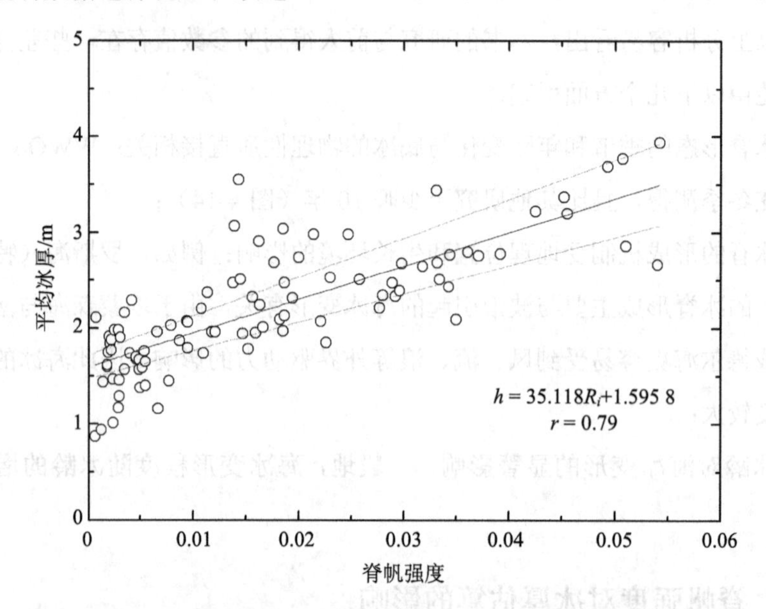

注：实线为最小二乘拟合曲线，虚线为95%置信区间的上下界。

图 4-15　由机载电磁感应系统（HEM）和激光高度计得到的平均冰厚和脊帆强度的相关关系

4.7　小结

基于德国阿尔弗雷德-魏格纳极地和海洋研究所在南极威德尔海冬季科学考察期间（WWOS 2006）利用机载激光高度计测得的海冰表面高度剖面，分析了所测区域内 94 个剖面的（总长度 2 988.5 km）的基本形态和统计特征。

针对目前关于脊帆切断高度缺乏有效确定方法的情况，以切断高度为优化变量，以脊帆高度和间距分布的概率密度数学模型与样本概率密度之间的误差为目标函数，以对应于优化参数的脊帆高度和间距的模型概率密度为约束条件，建立了具有非线性约束的统计优化模型，得到了最优切断高度，进而从海冰表面起伏中确定出脊帆，并发现 Wadhams'80 型分布与实测脊帆高度分布吻合良好，对数正态分布与实测脊帆间距分布吻合较好。

针对传统 k 均值聚类算法需要事先制定类别数 k 和容易陷入局部最优的缺陷，将粒子群优化与传统 k 均值聚类算法相结合搜寻最优聚类中心，在迭代过程中引入与式（4-6）相关的误差准则确定出最佳类别数，提出了一种改进的 k 均值聚类算法。另外，对研究区域剖面的分析表明，地理生长环境对脊帆的形成机制有显著影响。依据脊帆强度 R_i，利用所改进的 k 均值聚类算法对所测得的 94 个海冰上表面高度剖面进行分类，算法结果表明，当 $k=3$（记 C_1：$R_i \leqslant 0.01$、C_2：$0.01 < R_i \leqslant 0.026$ 和 C_3：$R_i > 0.026$）时，不仅各类所含剖面数量均占剖面总数的 10%以上，而且能够较好地反映不同地理分区的脊帆特征。分类结果与雷达图像吻合良好（图 4-1），即类别 C_1 与浮冰边缘区和南部拉尔森冰间湖相对应，C_2 与中部动力作用一年冰区和二年冰区相对应，C_3 与研究区域南部的威德尔湾和南极大陆相邻的严重变形冰区相对应。对各类剖面的统计特征及形态参数进行了分析，平均脊帆高度随脊帆强度的增大由 0.99 m（C_1）缓慢增至 1.17 m（C_3），而平均脊帆间距由 232 m（C_1）快速减至 31 m（C_3），表明脊帆强度的大小主要受脊帆间距影响。

依据得到的最优切断高度及改进 k 均值聚类算法的结果，讨论了不同类别脊帆强度对脊帆高度和间距分布的影响。结果表明，对 3 个类别，Wadhams'80 型分布和对数正态分布分别与脊帆高度和间距分布较吻合。但是关于脊帆空间分布的其他研究却得到了不同的结果。例如，Weeks 等[54]和 Rabenstein 等[130]分别研究了南北极不同观测区域的脊帆高度分布，认为 Wadhams'80 型分布与实测脊帆高度分布吻合较好；Dierking[56]认为当脊帆强度 $R_i \leqslant 0.4$ 时，Wadhams'80 型分布与实测数据吻合较好，但 $R_i > 0.4$ 时，Hibler'72 型分布与实测数据吻合较好。Lytle 等[55]通过对东威德尔海冰脊的分析认为 Hibler'72 型分布对任何情况均与实测脊帆高度分布吻合较好。关于脊帆间距分布，Rabenstein 等[130]和 Dierking[56]认为对数正态分布与实测脊帆间距分布吻合较好；Granberg 等[58]则认为实测脊帆间距分布与以上两种分布均不吻合，但与对数正态分布较接近。

通过显著性检验得到了平均脊帆高度和频次之间的对数相关关系。尽管本章得到的平均脊帆高度和频次之间的对数相关关系和 Dierking[56]得到的线性相关性都能说明脊帆高度随脊帆频次的增大而增大，但由于线性关系表明脊帆高度和频次的增量为常数，而对数关系表明脊帆高度和频次的增量的比值随脊帆频次的增大而减小；结合图 4-11 可以看出，对于给定的脊帆频次增量，对应较小脊帆强度的脊帆间距和高度的增量均大于对应较大脊帆强度的脊帆间距和高度的增量。因此，本章得到的平均脊帆高度和频次之间的对数相关关系能够更好地刻画脊帆的形态和空间分布特征。

讨论并通过显著性检验验证了平均脊帆高度、间距和强度及多脊冰平均厚度等脊帆形态参数随切断高度的变化趋势：平均脊帆高度和间距与切断高度之间具有很好的线性增长关系，可用来估算对应不同切断高度的平均脊帆高度和间距；而平均脊帆强度和多脊冰平均厚度均随切断高度的增大呈幂指数形式快速减小。将本章得到的脊帆形态参数与前人的研究结果进行了比较，并分析出造成参数值差异的可能原因是观测时间、脊帆形成机制及冰龄不同。最后探讨了平均冰厚和脊帆强度的相关关系，通过显著性检验发现二者具有良好的线性相关关系，因此可以通过脊帆强度实现对平均冰厚的估算。但是平均冰厚和脊帆强度的这种相关关系还有待进一步验证和改进。

5 冰-气拖曳系数和脊帆形拖曳力参数化方案的改进

大气对海冰的动力作用主要表现为冰-气拖曳力，包括脊帆和冰缘引起的形拖曳力和由海冰表面局部粗糙单元引起的摩拖曳力，与冰-气拖曳系数直接相关。由于冰-气拖曳力的大小不但影响海冰的漂移幅度和轨迹，并且与海冰间相互作用和动力破坏等直接相关，因此对冰-气拖曳系数及脊帆形拖曳力的研究有非常重要的意义。目前关于冰-气拖曳系数和脊帆形拖曳力与脊帆形态参数和冰面粗糙度之间定量关系的研究还相对较少[40,61,63,66]，而且这些研究没有详细分析冰-气拖曳系数和脊帆形拖曳力随脊帆强度和冰面粗糙长度的变化趋势及原因。

基于实测数据和第 4 章中关于脊帆形态和分布的研究，依据拖曳分割理论，本章利用脊帆形态参数及空间分布对脊帆形拖曳力及其对总拖曳力的贡献和中性条件下对应 10 m 高度处风速的冰-气拖曳系数的参数化方案进行了创新性改进，并探索和分析了它们随脊帆强度和冰面粗糙长度的变化趋势及原因。

5.1 引言

风、流等对海冰的动力强迫使冰盖的内部应力部分转化为势能存储在冰脊内[131]，且分别与冰-气、冰-水拖曳系数紧密相关。冰-气和冰-水拖曳系数可以用于描述冰-气和冰-水界面的水平动量交换，是建立和改进海冰动力学模型的重要参数。在大尺度上，冰-气和冰-水拖曳系数均依赖冰面粗糙度、海冰密集度、浮冰及脊帆的平均高度和间距、龙骨的平均深度和间距、脊帆/龙骨强度等[40,61]。通常采用涡动法、剖面法和动量法直接确定拖曳系数：涡动法依据边界层理论，通过综合考虑气、冰和海水的物理参数寻求风、流拖曳系数[132]；剖面法基于Monin-Obukhov相似理论，首先通过风速、流速计算出冰面粗糙长度，然后求得拖曳系数[133]；动量法则依据描述海冰漂移的动力平衡方程确定出风、流拖曳系数[134]。目前已经利用上述方法获取了拖曳系数的一些经验值，但由于观测海域、季节和海冰类型等条件的不同，得到的拖曳系数仍有很大的离散性[135]。另外，海冰的形态和性质在各种热动力作用下不断变化，从而可能导致拖曳系数相应改变。因此设计拖曳系数的参数化方案，寻找并确定与其影响因素之间的定量关系有非常重要的科学意义，但截至目前仅得到一些初步的研究成果[63,65]。

海冰表面起伏对动力作用的影响一般以切断高度为基准进行区分：低于切断高度的部分为局部粗糙单元，影响表面摩拖曳力；高于切断高度的部分为脊帆，对形拖曳力产生影响。特别地，当海冰密集度接近100%时，冰-气形拖曳力主要由脊帆引起，因此脊帆形拖曳力对冰-气界面动量、热量交换有重要影响。

冰-气拖曳系数和脊帆形拖曳力参数化的基本思想是综合考虑各种因素的影响，建立其与冰面粗糙度、海冰密集度、脊帆形态参数及空间分布等之间的关系。Arya[40,61]考虑了海冰密集度接近100%的情况，将总的冰-气拖曳力分为由脊帆产生的形拖曳力和海冰表面局部粗糙单元引起的摩拖曳力，详细讨论了脊帆对大气边界层的影响，并考虑了脊帆引起的冰面摩拖曳力的局部衰减作用，找出了冰-气拖曳系数与脊帆高度、脊帆间距及冰面局部粗糙度之间的定量关系，建立了拖曳分割理论。对于密集度不足100%时的情况，Hanssen-Bauer等[136]忽略了脊帆引起的形拖曳力，认为总拖曳力仅包含冰缘引起的形拖曳力和冰面局部粗糙单位引起的摩拖曳力，确立了拖曳系数与海冰厚度、密集度及尺寸之间的定量关系。Mai等[63]在前人研究的基础上考虑了更为复杂的海冰/脊帆分布（同时考虑了脊帆形拖曳力、冰侧形拖曳力和冰面摩阻力），首次给出了相对完善的拖曳系数参数化方案。Garbrecht 等[64]和 Birnbaum 等[65,66]综合考虑了大气边界层的各种层结对拖曳系数的影响，验证并完善了 Mai 等[63]提出的参数化方案。Lu 等[41]综合分析了龙骨深度、冰底粗糙度及浮冰尺寸对冰-水拖曳系数的影响，建立了冰-水拖曳系数的参数化模型。但目前关于南极特别是威德尔海地区冰-气拖曳系数和脊帆形拖曳力的研究还相对较少[133,137]。而且，这些研究没有给出冰-气拖曳系数和脊帆形拖曳力与脊帆形态参数和冰面粗糙度之间的参数化方案，也没有详细分析冰-气拖曳系数和脊帆形拖曳力随脊帆强度和冰面粗糙长度的变化趋势及原因。

在第 4 章的研究基础上，本章首先将所考察的区域划为 3 个子分区，并对每个分区内剖面的统计特征进行了详细分析，然后依据实测数据和拖曳分割理论，对中性条件下风速 10 m 处的冰-气拖曳系数和脊帆形拖曳力及其对总拖曳力的贡献的参数化方案进行了创新性改进，给出了它们与脊帆形态参数和冰面粗糙度之间的定量关系，并探索和分析了其随脊帆强度和冰面粗糙长度的变化趋势和原因。

5.2 现场观测

本章所使用的海冰表面高度数据与第 4 章相同，基本测量情况见第 4.2.1 节。图 5-1 给出了“极星号”考察船的航线、直升机调查站位及日期。根据地理位置和环境条件对海冰生消的影响以及第 4 章的分类研究，可将考察区域划为 3 个分区：I 为浮冰边缘区（含 13 个剖面），冰脊主要由破碎浮冰堆积、重叠而成，由于较弱的动力作用使冰面变形程度相应较低（较低的冰层重叠率和造脊率），从而区域内脊帆高度和频次均较小；II 为动力作用一年冰区和二年冰区（含 40 个剖面），由于区域内动力作用引起海冰厚度增长突出，且夏季没有完全融化的海冰在下一个冬季继续冻结，因此脊帆相对较高、较多；在南部区域（III区）内（含 41 个剖面），冰山和浮冰的运动速度由于风、流等外力作用呈现出显著差异，同时冰间湖也输送了大量纯热力学生长的新生海冰，区域内脊帆形态变化范围较大：

最高的脊帆仅出现在威德尔湾外流的冰架附近（高度可达 6 m），且冰架边缘附近冰脊非常密集；而拉尔森冰间湖内一年生平整冰在外力作用下破碎、堆积而形成较小的冰脊。取切断高度为 0.62 m（第 4.3.2 节），则威德尔湾外流的冰架附近的脊帆频次均大于 30 km^{-1}，最大频次达 46 km^{-1}，而拉尔森冰间湖内的最小频次约为 1 km^{-1}。现场使用的观测设备为机载 Riegl LD90 型激光高度计（图 4-2），测得的海冰上表面高度数据采用三步自动过滤法处理，过程见第 4.2.2 节。

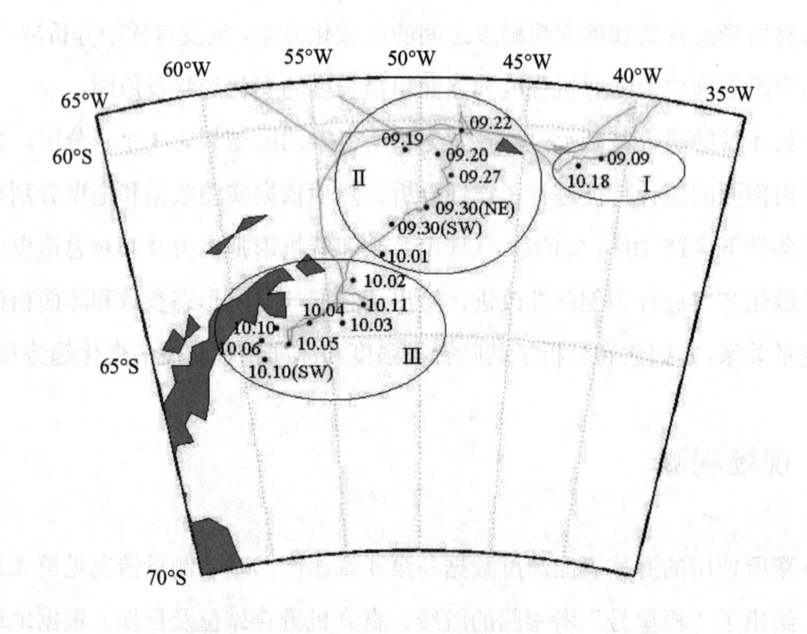

图 5-1　威德尔海冬季海冰调查中的船舶航线、直升机调查站位（附作业日期）以及考察区域的分区

5.3　海冰表面的基本统计特征

冰脊形成过程中由于各种外界驱动力（风、流、浪等）的作用而形状各异，但由于浮冰之间相互摩擦的影响，脊帆倾角大小较为稳定。假设脊帆横截面为相似等腰三角形，Timco 等[138]得到北极的脊帆倾角为 $\varphi = 20.7^{\circ} \pm 11.5^{\circ}$，本节统计出

WWOS 2006 科考期间研究区域内的脊帆倾角平均值为 20.7°，标准差为 2.4°（图 5-2）。

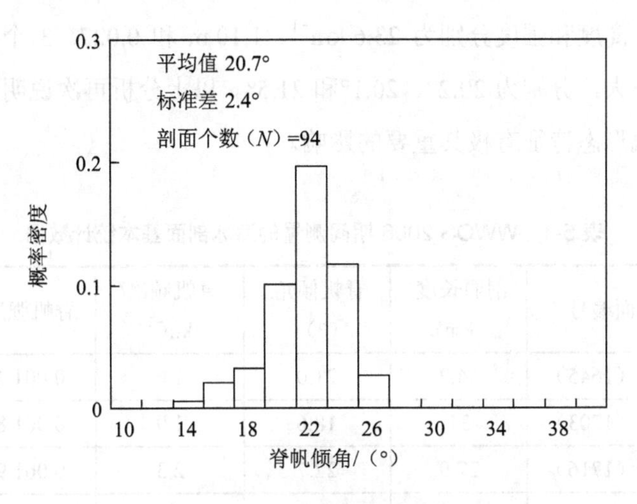

图 5-2 脊帆倾角直方图

表 5-1 给出了所测得的 94 个剖面长度和各脊帆形态参数。从表中可以看出（图 5-1），浮冰边缘区（Ⅰ区）包含剖面 9 月 9 日和 10 月 18 日测得的剖面，测量总长度最小（406.4 km）。区域内各剖面的平均脊帆高度差异不大（0.83～1.19 m），其中剖面 93 的脊帆频次（14.5 km^{-1}）和脊帆强度（0.017）明显大于其他剖面，而脊帆倾角（12.9°）却较小。其余剖面的参数差异不大：脊帆频次为 0.6～8.4 km^{-1}，脊帆强度为 0.001～0.008。整个区域的平均脊帆频次为 4 km^{-1}，平均脊帆高度为 0.97 m，平均脊帆强度为 0.004。9 月 19 日—10 月 1 日所测的剖面包含于研究区域中部的动力作用一年冰区和二年冰区（Ⅱ区），测量总长度为 1 302.5 km。由于区域内动力作用非常突出，各剖面的脊帆形态参数值差异较大：脊帆频次、强度和平均脊帆高度分别为 2～25.3 km^{-1}、0.002～0.028 和 0.9～1.24 m。脊帆倾角为 15°～24.3°。Ⅱ区的平均脊帆频次为 9.7 km^{-1}，平均脊帆高度为 1.05 m，平均脊帆强度为 0.011。南部冰区（Ⅲ区）包含 10 月 2—11 日所测剖面，脊帆频次和强度分别可达 46 km^{-1} 和 0.541（剖面 50），而最小的脊帆频次和强度分别为 1 km^{-1} 和 0.000 6（剖面 74）。各剖面的平均脊帆高度为 0.82～1.28 m，脊帆频次为 0.7～

46.3 km^{-1}，脊帆强度为 0.000 6～0.054，脊帆倾角为 17.3°～25.3°。区域内的平均脊帆脊频次、高度和强度分别为 23.6 km^{-1}、1.10 m 和 0.027。3 个区域的平均脊帆倾角变化不大，分别为 20.2°、20.1°和 21.5°。以上分析再次说明地理位置和生长环境对脊帆形态特征有极其重要的影响。

表 5-1 WWOS 2006 期间测量的海冰剖面基本统计数据

序号	剖面编号	剖面长度/km	脊帆倾角/(°)	脊帆频次/km^{-1}	脊帆强度	平均脊帆高度/m
1	0909（1645）	34.2	21.0	1.6	0.001 4	0.88
2	0909（1703）	31	18.6	1.9	0.001 8	0.94
3	0909（1716）	27.9	22.7	2.3	0.001 9	0.83
4	0909（1728）	34.8	22.9	2.2	0.002 2	0.98
5	0909（1749）	29.4	23.8	0.6	0.000 7	1.19
6	0909（1806）	33.8	23.0	2.2	0.002 1	0.99
7	0919（1317）	35.2	19.2	14.1	0.015 2	1.08
8	0919（1339）	30.4	20.6	8.5	0.008 7	1.02
9	0919（1357）	34.5	19.9	9.2	0.009 5	1.03
10	0919（1417）	29.3	19.9	20	0.022 1	1.10
11	0919（1436）	30.3	17.9	25.3	0.028	1.11
12	0919（1449）	32.3	18.6	6.7	0.006 7	1.00
13	0920（1845）	34	19.9	5.6	0.005 5	0.98
14	0920（1903）	27.3	21.2	5.3	0.005 4	1.01
15	0920（1917）	33.5	18.6	5.2	0.005 2	1.01
16	0920（1933）	28.1	18.0	5.7	0.005 4	0.96
17	0920（1945）	34.8	15.6	4.8	0.004 5	0.95
18	0920（2003）	30.9	20.8	2.9	0.002 9	0.99
19	0922（1832）	35.9	16.1	6.2	0.006 6	1.07
20	0922（1853）	32.2	21.1	3.3	0.003	0.90
21	0922（1912）	35.2	15.0	4.6	0.004 9	1.06

序号	剖面编号	剖面长度/km	脊帆倾角/（°）	脊帆频次/km^{-1}	脊帆强度	平均脊帆高度/m
22	0922（1930）	30.8	16.1	2	0.001 8	0.91
23	0922（1945）	39.1	15.0	8.7	0.009 4	1.08
24	0922（2004）	31.5	18.6	4.8	0.005	1.05
25	0927（1910）	31.4	23.9	2.6	0.002 5	0.96
26	0927（1931）	33.5	20.6	2.2	0.002	0.90
27	0927（1947）	30	22.5	4.1	0.004 2	1.02
28	0927（2002）	35.9	21.5	3.2	0.002 9	0.91
29	0927（2018）	31.7	19.3	3.7	0.003 6	0.96
30	0927（2033）	33.6	19.5	3.3	0.003 1	0.94
31	0930（1413）	35.4	20.6	15.7	0.017 6	1.12
32	0930（1431）	30	21.3	12.6	0.014 5	1.15
33	0930（1446）	35.3	21.4	7.7	0.007 9	1.03
34	0930（1504）	22.7	18.9	12	0.013 9	1.15
35	0930（1717）	34.6	21.0	16.5	0.018 5	1.12
36	0930（1733）	28.4	19.7	17.6	0.02	1.14
37	0930（1748）	36.8	19.2	14.8	0.016 2	1.10
38	0930（1804）	31	22.8	10.8	0.011 5	1.06
39	0930（1818）	33.9	20.8	9.7	0.010 8	1.11
40	0930（1836）	32.3	22.8	12.2	0.013 7	1.13
41	1001（1940）	33.8	21.3	19.1	0.021 3	1.12
42	1001（1956）	30.8	21.3	16.7	0.018 6	1.11
43	1001（2011）	35.2	22.8	13.1	0.016 2	1.24
44	1001（2028）	33.1	24.3	13.7	0.015 6	1.14
45	1001（2044）	34.8	23.1	21.9	0.024 7	1.13
46	1001（2101）	33	23.2	12.4	0.014 3	1.15
47	1002（1247）	16.4	22.7	27.3	0.029 2	1.07
48	1002（1259）	28.6	20.1	29.3	0.034 4	1.18
49	1002（1313）	34.8	19.7	26.1	0.031 8	1.22

序号	剖面编号	剖面长度/km	脊帆倾角/（°）	脊帆频次/km^{-1}	脊帆强度	平均脊帆高度/m
50	1002（1329）	28.7	20.9	46.3	0.054 1	1.17
51	1002（1343）	23	23.5	39.1	0.045 5	1.16
52	1002（1359）	40.8	23.6	29.7	0.033 4	1.12
53	1002（1419）	19.4	24.7	32	0.035	1.09
54	1003（1316）	33.6	21.1	34.5	0.039 2	1.14
55	1003（1332）	31.5	20.5	18.2	0.018 6	1.02
56	1003（1347）	37.1	20.5	17.5	0.018 2	1.04
57	1003（1404）	33.8	21.2	36.2	0.042 4	1.17
58	1003（1420）	37	20.4	41.3	0.049 3	1.19
59	1003（1437）	27.3	19.3	28.8	0.033 1	1.15
60	1003（1452）	18	21.4	18.9	0.019 4	1.02
61	1004（1855）	34.1	21.7	28.6	0.033 3	1.16
62	1004（1911）	28.5	20.6	32.2	0.034 3	1.07
63	1004（1924）	35.3	23.0	30.6	0.037 1	1.21
64	1004（1941）	33.1	22.2	30.1	0.036 1	1.20
65	1004（1958）	37.4	23.4	19.1	0.022 7	1.18
66	1004（2015）	37	24.3	42.4	0.051	1.20
67	1005（1348）	33.2	21.9	25.7	0.029 8	1.16
68	1005（1404）	29.4	22.5	38.4	0.045 2	1.18
69	1005（1418）	44	21.8	42.5	0.050 7	1.19
70	1005（1440）	50.5	25.3	16.7	0.018 4	1.11
71	1005（1513）	45.4	21.7	14.1	0.015 9	1.13
72	1006（1416）	45	20.7	13.1	0.014 8	1.12
73	1006（1436）	34.8	19.4	2.7	0.002 3	0.87
74	1006（1453）	43.1	21.9	0.7	0.000 6	0.82
75	1006（1515）	56.8	18.3	1.3	0.001 2	0.91
76	1006（1541）	54.7	22.3	10.5	0.011	1.04
77	1010（1957）	17.9	20.9	42.2	0.053 9	1.28

序号	剖面编号	剖面长度/km	脊帆倾角/(°)	脊帆频次/km^{-1}	脊帆强度	平均脊帆高度/m
78	1010（2017）	18.9	20.9	2.5	0.002 4	0.97
79	1010（2036）	24.4	17.3	5.4	0.005	0.92
80	1010（2101）	23.4	20.3	23.1	0.028 8	1.25
81	1010（1614）	28.7	21.8	26.3	0.029 6	1.12
82	1010（1639）	6.3	22.2	9.5	0.009 5	1.00
83	1010（1645）	9.2	24.3	11.8	0.011 8	1.00
84	1010（1658）	22.5	20.4	11.8	0.012 2	1.03
85	1010（1732）	32.4	23.2	23.4	0.025 8	1.10
86	1011（1759）	19.4	17.8	22.1	0.023	1.04
87	1011（1831）	24.2	21.4	25.2	0.027 7	1.10
88	1018（1211）	36	18.3	3.2	0.003 1	0.95
89	1018（1229）	16.7	20.8	2.2	0.002	0.94
90	1018（1243）	35.9	23.9	4.3	0.004	0.93
91	1018（1300）	31.1	20.9	3.6	0.003 5	0.96
92	1018（1313）	38.1	18.6	4.7	0.004 7	0.99
93	1018（1330）	32.8	12.9	14.5	0.016 6	1.15
94	1018（1344）	24.7	14.8	8.4	0.007 7	0.91

图 5-3 给出了脊帆强度与随经度和纬度的变化，从图中可以看出，沿飞行航线，图 5-1 中的 I 区（除了表 5-1 中的剖面 93），II 区北部及III区西南部拉尔森冰间湖一年生冰区所测剖面的脊帆强度大都较小；II 区和III区其他部分的剖面脊帆强度相对较大；脊帆强度最大的剖面仅出现在III区威德尔湾外流的冰架边缘附近。以上分析说明脊帆强度的大小与冰脊的地理位置以及形成机制密切相关，再次验证了第 4 章中所改进的 k 均值聚类算法的有效性。

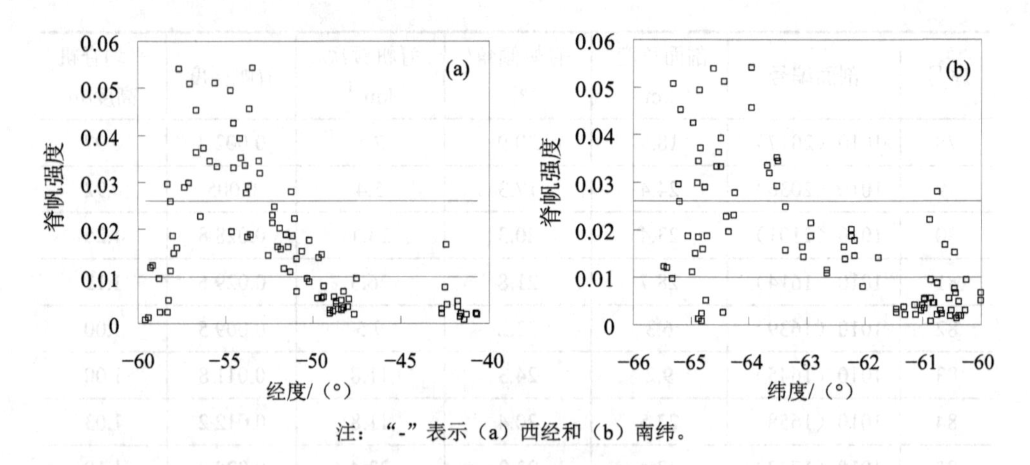

注："-"表示（a）西经和（b）南纬。

图 5-3 脊帆强度与经纬度的关系

5.4 冰-气拖曳系数和脊帆形拖曳力参数化方案的改进

在 WWOS 2006 期间，观测区域的海冰密集度接近 100%。因此，可以忽略海冰密集度、出水高度及浮冰尺寸对大气和海洋之间动量交换的影响，认为形拖曳力主要由脊帆引起。

设 ρ 为大气密度，$U(z)$和 $C_{dn}(z)$分别为冰面上高度 z 处的风速和冰-气拖曳系数，则大气对海冰的拖曳力可表示为

$$\tau_t = \rho C_{dn}(z) U^2(z) \tag{5-1}$$

Arya[40,61]忽略了冰间水道的影响（海冰密集度接近 100%），将冰-气总拖曳力分成脊帆形拖曳力（F_d）和冰面摩拖曳力（S_d）两项：

$$\tau_t = F_d + S_d \tag{5-2}$$

脊帆的存在使冰-气边界层发生变化，并在脊帆的前后方出现涡动区（图 5-4 中阴影部分），区域内大气流动脱体，导致大量旋涡产生，进而在海冰表面产生反向应力（忽略流线型脊帆断面的脱体流动），而且脊帆下游方向会出现尾流影

响区（图 5-4 中的混合层）。内边界层内的大气流动和冰面无脊帆的情况相同，由海冰表面的局部粗糙单元决定，且不受脊帆影响。外边界层的大气流动则由脊帆和相邻脊帆间海冰表面的局部粗糙单元共同决定。内、外边界层之间的区域（混合层）是由脊帆引起的尾流影响区，越往背风面方向该区域厚度越小，最后融入外边界层。图 5-4 中外边界层的上方给出了间距为 s 的两个相邻脊帆之间的冰面剪切应力的变化情况（忽略涡动区内轻微反向的摩阻力），如果脊帆均匀分布，即下游脊帆顶点位于上游相邻脊帆的涡动区外，则从附着点起到接近下一个脊帆前，冰面摩拖曳力会迅速线性增至无脊帆时的冰面摩拖曳力τ_0。

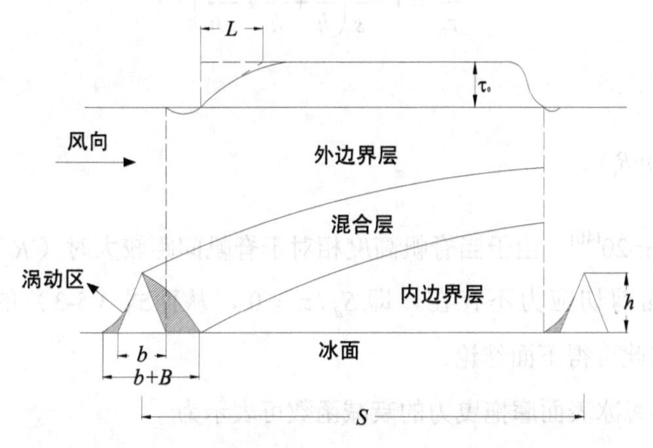

注：s 为脊帆间距，h 为脊帆高度，b 为脊帆宽度，$b+B$ 为脊帆及前后涡动区的总宽度，τ_0 为无脊帆时的冰面摩拖曳力，L 为冰面摩拖曳力 S_d 线性增长至τ_0 的长度。

图 5-4 有脊帆存在时海冰表面大气边界层示意图

记 $m=\dfrac{b}{h}+\dfrac{B}{h}+\dfrac{L}{2h}$，称 m 为脊帆对背风面海冰表面摩拖曳力的遮掩系数。

假设

（A1） 表面应力以梯度τ_0/L 线性增长；

（A2） 脊帆分布各向同性[139]。

引理 5.1 假设（A1）成立，则冰面存在脊帆时的剪切应力均值（S_d）和无脊帆时的冰面摩拖曳力（τ_0）满足式（5-3）。

$$\frac{S_d}{\tau_0}=1-mR_i \tag{5-3}$$

证明：根据总应力的平衡原理，有

$$S_d s=\tau_0\left[s-\left(b+B+\frac{L}{2}\right)\right] \tag{5-4}$$

显然式（5-4）可以转化为

$$\frac{S_d}{\tau_0}=1-\frac{h}{s}\left(\frac{b}{h}+\frac{B}{h}+\frac{L}{2h}\right) \tag{5-5}$$

即

$$\frac{S_d}{\tau_0}=(1-mR_i)\text{。}$$

一般取 m=20[40]。由于当脊帆高度相对于脊帆间距较大时（$R_i \geqslant 1\,m^{-1}$），脊帆间的冰表面剪切应力不存在，即 $S_d/\tau_0=0$，从而式（5-3）的成立条件为 $R_i<1\,m^{-1}$。因此可得下面结论。

引理 5.2 海冰表面摩拖曳力的衰减函数可表示为

$$S_d=\begin{cases}0 & R_i\geqslant\dfrac{1}{m}\\(1-mR_i)\tau_0 & R_i<\dfrac{1}{m}\end{cases} \tag{5-6}$$

引理 5.3 假设（A2）成立，V_i 和 V_a 分别为冰速和风速，C_{dh} 为脊帆形拖曳系数，θ 是脊帆走向的法线方向与风速方向的夹角，p（θ）是关于脊帆走向分布的概率密度，则作用在高度为 h 的脊帆上的形拖曳力为

$$F_d=\frac{1}{2}\rho C_{dh}h(V_i-V_a)^2(1-R_i^{1/2})^2\int_{-\pi/2}^{\pi/2}p(\theta)\cos\theta\,\mathrm{d}\theta \tag{5-7}$$

证明：由文献[40]可直接得出以上结论。

注：式（5-7）中，$(1-R_i^{1/2})^2$ 反映上游脊帆背风面形成的尾流区对下游脊帆

迎风面正压力的影响。

Arya[40]认为 $\int_{-\pi/2}^{\pi/2} p(\theta)\,\mathrm{d}\theta = 1$，因此可作下面假设

（A3） p（θ）=1/π。

引理 5.4 假设（A3）成立，根据引理 5.3 可得单位面积内的脊帆形拖曳力分量

$$\frac{F_d}{s} = \frac{\rho C_{dh} h}{\pi s}(V_i - V_a)^2 (1 - R_i^{1/2})^2 \tag{5-8}$$

显然，式（5-8）建立了脊帆形拖曳力分量与脊帆高度及间距之间的关系。

引理 5.5 假设（A2）成立，κ=0.4 为冯·卡门常数，z_0 为冰面大气动力学粗糙长度，h_0 为切断高度，f（h；h_0，λ）为冰脊高度的概率密度分布函数（λ为分布参数），则脊帆形拖曳力的相对值可表示为

$$F_d / \tau_0 = C_{dh} \cdot R_i / \kappa^2 \cdot \ln^2(<h>/z_0) \cdot \int_{h_0}^{\infty} h \cdot f(h; h_0, \lambda)\mathrm{d}h, \quad R_i \leqslant 0.05 \tag{5-9}$$

证明： 由假设（A2）知，相邻脊帆间的相互作用可以忽略，仅需考虑脊帆高度分布对脊帆形拖曳力的影响。根据 Arya[40]提出的模型可直接推导出式（5-9）。

第 4 章中得到，对应于最优脊帆切断高度 h_0=0.62 m，威德尔海西北部的脊帆高度符合指数分布

$$f(h; h_0, \lambda) = \lambda \exp[-\lambda(h - h_0)], \qquad h > h_0 \tag{5-10}$$

由引理 5.5 和式（5-10）可直接得到下面结论。

参数化方案 5.1 脊帆形拖曳力的相对值为

$$F_d / \tau_0 = \lambda C_{dh} \cdot R_i / \kappa^2 \cdot \ln^2(<h>/z_0) \cdot \int_{h_0}^{\infty} h \cdot \mathrm{e}^{-\lambda<h>(h-h_0)}\mathrm{d}h, \quad R_i \leqslant 0.05 \tag{5-11}$$

由形拖曳力系数和脊帆倾角之间的经验关系 C_{dh}=0.012×（1+φ）[140]及考察区域内的平均脊帆倾角φ=20.7°可得 C_{dh}=0.26。

参数化方案 5.2 以冰面上 10 m 处的风速 U_{10} 为参照速度，则中性稳定条件下

的冰-气拖曳系数可表示为

$$C_{dn}(10)=\kappa^2\left[\left(1-mR_i\right)+F_d/\tau_0\right]/\ln^2\left(10/z_0\right),\quad R_i\leqslant 0.05 \tag{5-12}$$

证明：取 z=10 m，则由式（5-1）得

$$C_{dn}(10)=\frac{\tau_t}{\rho U^2(10)}$$

将式（5-2）代入上式可得

$$C_{dn}(10)=\frac{F_d+S_d}{\rho U^2(10)}$$

结合引理 5.1 和定理 5.1 可得

$$C_{dn}(10)=\frac{(1-mR_i)\tau_0+F_d}{\rho U^2(10)} \tag{5-13}$$

另外，设 U^* 为摩擦速度，由 $U^*=(\tau_0/\rho)^{1/2}$ 和 $\dfrac{U(10)}{U^*}=\dfrac{1}{\kappa}\ln\left(\dfrac{10}{z_0}\right)$ [40]可得

$$U^2(10)=\frac{\tau_0}{\kappa^2\rho}\ln^2(\frac{10}{z_0}) \tag{5-14}$$

将式（5-13）代入式（5-14）可得式（5-12）。

如果脊帆强度 $R_i\leqslant 1/m$，且内边界层高度大于脊帆高度，则可以得到以下参数化方案。

参数化方案 5.3 脊帆形拖曳力占冰-气总拖曳力的比例可表示为

$$F_d/\tau_t=\frac{1+2\kappa^2(1-mR_i)}{C_{dh}R_i\ln^2(<h>/z_0)} \tag{5-15}$$

由于海冰表面剖面中脊帆对形拖曳力有贡献，而冰面局部粗糙单元影响表面摩拖曳力，因此要考察冰-气总拖曳力，必须考虑后者的贡献，即局部粗糙长度 z_0 的大小。大量的现场观测数据显示海冰表面粗糙长度在一定范围内变化，为综合考虑冰-气拖曳系数和脊帆形拖曳力分量在不同情况下的变化趋势，基于前人对海冰观测结果，假设脊帆间局部粗糙单元对应的粗糙长度为 $10^{-5}\sim10^{-2}$ m，其中较

小值对应于表面光滑的一年冰，较大值对应于变形严重的多年冰[66,141-144]。

5.5 脊帆强度/粗糙长度对冰-气拖曳系数及脊帆形拖曳力的影响

由于现场考察期间研究区域的海冰密集度几乎为100%（第4.2.1节），本节基于第4.3.2节得到的最优切断高度（h_0=0.62 m）及表5-1中统计出的各剖面的脊帆平均高度（<h>）和脊帆强度（满足条件 $R_i \leqslant 1\ m^{-1}$ 的剖面共有90个），根据第5.4节得到的参数化方案，探索和分析脊帆形拖曳力和冰-气拖曳系数随脊帆强度和冰面粗糙长度的变化趋势和原因。

基于参数化方案5.2和方案5.3，对冰-气拖曳系数 C_{dn}（10）和脊帆形拖曳力对总拖曳力的贡献 F_d/τ_t 进行估算，表5-2和表5-3给出了 F_d/τ_t 和 C_{dn}（10）对应于不同粗糙长度及不同分区（图5-1）的值。从表5-2可以直观看出，对任一粗糙长度，脊帆形拖曳力对总拖曳力的贡献由Ⅰ区到Ⅱ区、Ⅱ区到Ⅲ区均增加了10%以上，但增量随粗糙长度的增大而减小；当脊帆强度一定时，F_d/τ_t 随粗糙长度的增大而减小。从表5-3可以看出，从Ⅰ区到Ⅲ区，冰-气拖曳系数 C_{dn}（10）由 1.49×10^{-3} 增至 5.30×10^{-3}；但 C_{dn}（10）随粗糙长度的变化略为复杂：对较小的脊帆强度（Ⅰ区、Ⅱ区），C_{dn}（10）随粗糙长度的增大而增大，当脊帆强度较大时（Ⅲ区），C_{dn}（10）随粗糙长度的增大先增大后减小。也就是说脊帆强度存在某一阈值，使 C_{dn}（10）在该阈值两侧随粗糙长度的变化趋势不同。因此有必要对这种情况进行详细分析。另外，从表中显然可以看出，脊帆强度比粗糙长度对冰-气拖曳系数 C_{dn}（10）的影响大。

表5-2 F_d/τ_t 对应不同粗糙长度和图5-1中各分区平均脊帆强度的值

<R_i>	z_0=10^{-2} m	z_0=10^{-3} m	z_0=10^{-4} m	z_0=10^{-5} m
Ⅰ区 <R_i>=0.004	0.07	0.14	0.2	0.27
Ⅱ区 <R_i>=0.011	0.21	0.33	0.44	0.53
Ⅲ区 <R_i>=0.027	0.49	0.65	0.75	0.76

表 5-3 C_{dn}（10）对应不同粗糙长度和图 5-1 中各分区平均脊帆强度的值

$\langle R_i \rangle$	$z_0=10^{-2}$ m	$z_0=10^{-3}$ m	$z_0=10^{-4}$ m	$z_0=10^{-5}$ m
Ⅰ区 $\langle R_i \rangle=0.004$	3.56×10^{-3}	2.35×10^{-3}	1.78×10^{-3}	1.49×10^{-3}
Ⅱ区 $\langle R_i \rangle=0.011$	3.97×10^{-3}	3.12×10^{-3}	2.78×10^{-3}	2.53×10^{-3}
Ⅲ区 $\langle R_i \rangle=0.027$	5.22×10^{-3}	5.27×10^{-3}	5.30×10^{-3}	4.71×10^{-3}

图 5-5 给出了冰-气拖曳系数 C_{dn}（10）随脊帆强度（R_i）和粗糙长度（z_0）的变化趋势。从图中可以看出，C_{dn}（10）随着 R_i 的增大而增大，说明脊帆的实际分布情况对冰-气拖曳系数有显著影响，这种影响强度在 z_0 较小时更为明显，而对较大的 z_0 则有所减弱，主要原因是粗糙海冰表面引起的摩拖曳力较大，会部分抵消冰脊形拖曳力的影响。对较小的脊帆强度（$R_i \leqslant 0.023$），拖曳系数 C_{dn}（10）随 z_0 的增大而增大；而当脊帆强度 $R_i \geqslant 0.023$ 时，C_{dn}（10）随 z_0 的增大而减小。要解释这种变化情况，必须考虑各拖曳力分量的贡献。图 5-6（a）、（b）分别给出了表面摩拖曳力和脊帆形拖曳力对冰-气总拖曳系数 C_{dn}（10）的贡献。从图

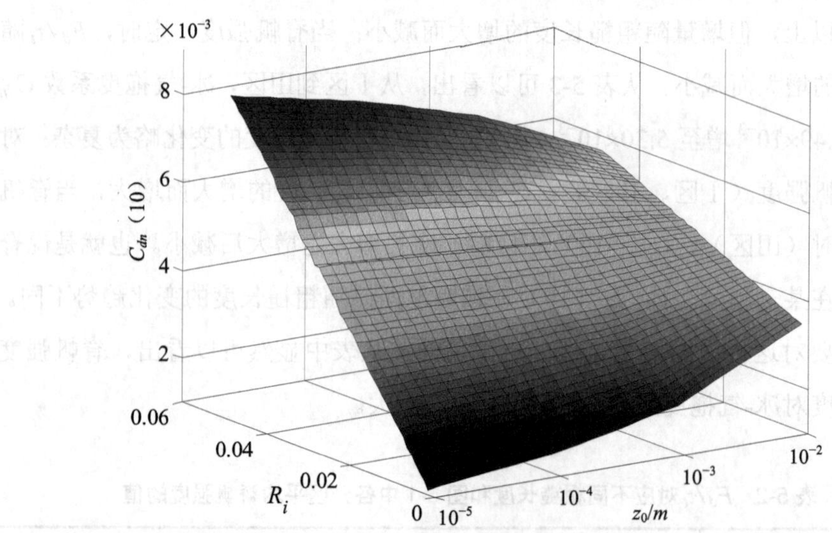

图 5-5 冰-气拖曳系数 C_{dn}（10）随脊帆强度和粗糙长度的变化关系

中可以看出，当 R_i 较小时，摩拖曳力占优势，而形拖曳力的贡献很小，因此拖曳系数 C_{dn}（10）与摩拖曳力的贡献一致，随 z_0 增加而增大；而 R_i 较大时情况正好相反，C_{dn}（10）与形拖曳力贡献的变化一致，随 z_0 增大而减小。这种变化趋势的转换，正好说明了海冰表面形态变化可导致拖曳力分量优势地位的变化。

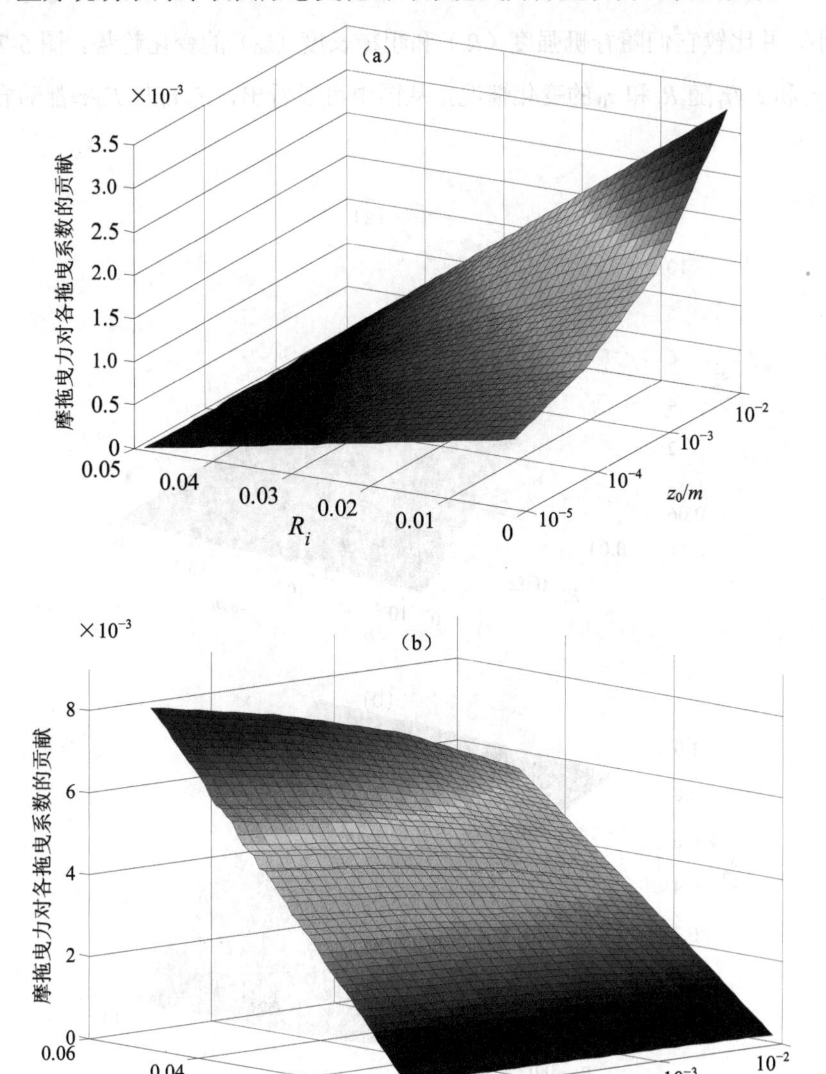

图 5-6 （a）表面摩拖曳力和（b）脊帆形拖曳力对冰-气拖曳系数的贡献

参数化方案 5.1 和方案 5.3 中的 F_d/τ_0 与 F_d/τ_t 既有关联也有区别：前者是脊帆形拖曳力与无脊冰面摩拖曳力的比值，反映的是脊帆形拖曳力自身的大小；后者是脊帆形拖曳力与总拖曳力的比值，反映的是脊帆形拖曳力与表面摩拖曳力的优势关系。通过式（5-11）、式（5-15）及各剖面的统计参数可以估算出 F_d/τ_0 和 F_d/τ_t 的大小，并比较它们随脊帆强度（R_i）和粗糙长度（z_0）的变化趋势。图 5-7 给出了 F_d/τ_0 和 F_d/τ_t 随 R_i 和 z_0 的变化情况，从图中可以看出，F_d/τ_0 与 F_d/τ_t 都随脊帆强

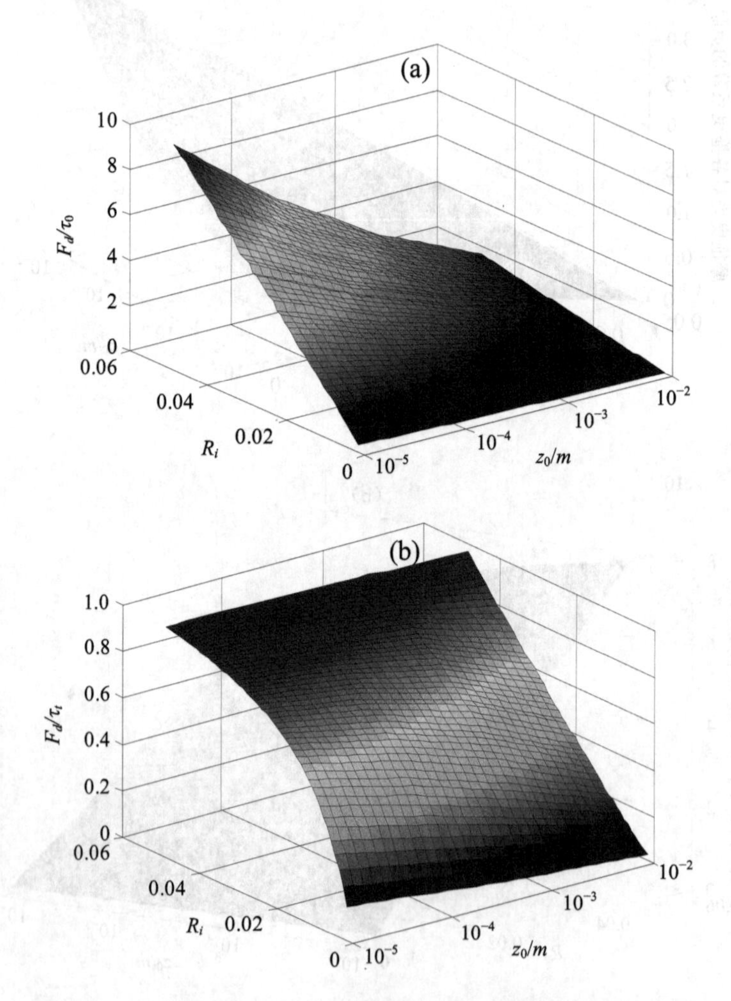

图 5-7 （a）F_d/τ_0 和（b）F_d/τ_t 随脊帆强度和粗糙长度的变化趋势

度增大而增大，随粗糙长度增大而减小，但变化率和变化幅度不尽相同。由图 5-7（a）可以看出，当粗糙长度较小时，F_d/τ_0 随脊帆强度减小由 10 快速减小到 0.1 左右；而对于较大的粗糙长度，由于对应的摩拖曳力（τ_0）也较大，F_d/τ_0 的变化要缓慢得多（0～1.7）。图 5-7（b）则表明对任一粗糙长度，F_d/τ_t 均在最大脊帆强度处达到 0.9 以上，在最小的脊帆强度处降到 0 左右。从另一个角度看，当脊帆强度较小时，F_d/τ_0 随粗糙长度减小而变化的范围很小；但脊帆强度较大时，该变化（1～10）非常明显，原因是此时脊帆形拖曳力较大，而粗糙长度的变化也引起无脊冰面摩拖曳力（τ_0）在较大范围内变化。而与此对应，F_d/τ_t 随粗糙长度的变化则比较平稳：脊帆强度较大时，脊帆形拖曳力占优势地位，对任意粗糙长度，F_d/τ_t 均较大；脊帆强度较小时，表面摩拖曳力占优势，F_d/τ_t 也因此均较小。且对于最小和最大的脊帆强度，粗糙长度的变化对 F_d/τ_t 的影响均较小。

前人对冰-气拖曳系数有大量的观测结果（表 5-4），其中 Guest 等[132]测得北极一年生粗糙冰面的拖曳系数［C_{dn}（10）］为 1.6×10^{-3}～4.0×10^{-3}，且极度粗糙冰面的 C_{dn}（10）可达 5.5×10^{-3} 以上，Garbrecht 等[64]发现在北极沿岸区，对应于脊帆强度 $R_i\geqslant0.015$，C_{dn}（10）可超过 2.5×10^{-3}，而在北极的其他区域，对应于粗糙长度（z_0）$=10^{-5}$，C_{dn}（10）为 1.2×10^{-3}～2.0×10^{-3}。Wamser 等[141]基于冬季南极威德尔湾浮冰的观测数据，发现冰面粗糙长度对拖曳系数有较大影响：1986 年的冰面粗糙长度（z_0）$=4.4\times10^{-4}$ m，拖曳系数［C_{dn}（10）］$=1.68\times10^{-3}$，而在 1989 年，由于观测期间雪层较厚，使得冰面相对光滑［粗糙长度（z_0）$=2.7\times10^{-4}$ m］，计算得到的拖曳系数也较小［C_{dn}（10）$=1.44\times10^{-3}$］。Andreas 等[137]通过对风速剖面的测量发现拖曳系数受风速影响很大，并得到夏季西威德尔海多年冰的拖曳系数［C_{dn}（10）］为 1.3×10^{-3}～2.5×10^{-3}。Dierking[56]依据拖曳分割理论，认为冬季威德尔湾的粗糙长度量级为 10^{-4} m，并得出对应于脊帆强度（R_i）$=0.007\,2$ 的 F_d/τ_t 和 C_{dn}（10）分别为 35%～40%和 2.12×10^{-3}～2.24×10^{-3}。

表 5-4　南北极各研究结果的比较

文献	地理位置	粗糙长度（z_0）	冰脊强度（R_i）	C_{dn}（10）/10^{-3}
Seifer 等[142]	加拿大圣罗伦斯（St. Lawrence）海湾	10^{-3}～10^{-5} m		1.0～3.0
Banke 等[143]	北冰洋			1.1～2.4
	罗伯逊（Robeson）海峡			1.6～2.6
Guest 等[144]	东格陵兰边缘海区（光滑冰面）			2.1±0.6
	东格陵兰边缘海区（粗糙冰面）			4.2±0.7
Guest 等[132]	北冰洋（一年生冰）			1.6～4.0
	北冰洋（粗糙冰面）			≥5.5
Steiner 等[131]	北冰洋中部			2.8
	格陵兰岛北近岸区			6.4～7.6
Garbrecht 等[64]	北极近岸区		＞0.015	≥2.5
	北极其他区域	10^{-5} m		1.20～2.0
Lüpkes 等[65]	北极边缘海区			1.3～5.2
Andreas 等[133]	南极西威德尔海（变形冰）			1.3～1.8
	南极西威德尔海（平整冰）			1.1～1.4
Andreas 等[137]	南极西威德尔海	10^{-4} m		1.3～2.5
Wamser 等[141]	南极威德尔湾	10^{-4} m		1.4～1.7
Dierking[56]	南极威德尔湾	10^{-4} m	0.007 2	2.1～2.2
本书	南极威德尔海西北部	10^{-3} m	0.000 6～0.049 3	2.0～7.0
		10^{-4} m	0.000 6～0.049 3	1.3～7.9
		10^{-5} m	0.000 6～0.049 3	0.9～8.5

在本章中，基于拖曳分割理论，若取威德尔海的冰面粗糙长度（z_0）=10^{-4} m，则随着脊帆强度的增大，C_{dn}（10）由 1.3×10^{-3} 增至 7.9×10^{-3}，特别地，对应于脊帆强度（R_i）=0.007，F_d/τ_t 和 C_{dn}（10）分别为 35%和 2.2×10^{-3}，与 Dierking[56]的结果基本一致。因此可以看出，我们对冰-气拖曳系数和脊帆形拖曳力的估算结果

和现场观测基本吻合。但表 5-4 中各研究结果呈现出不同程度的差异，其主要原因是现场海冰条件（地理位置及冰面变形程度等）的特殊性和观测时间的不同。

5.6　小结

基于实测数据和第 4 章关于脊帆形态的研究，依据拖曳分割理论，结合海冰表面粗糙度对脊帆形拖曳力和冰-气拖曳系数的参数化方案进行了创新性改进，并探索和分析了冰-气拖曳系数和脊帆形拖曳力及其对总拖曳力的贡献随脊帆强度和冰面粗糙长度的变化趋势及原因。

冰-气拖曳系数［C_{dn}（10）］随脊帆强度增大呈递增趋势，但增长速度随粗糙长度增大而减小；对较小的脊帆强度（$R_i \leqslant 0.023$），C_{dn}（10）随粗糙长度增大而增大，但脊帆强度较大（$R_i > 0.023$）时，C_{dn}（10）随粗糙长度减小而增大。脊帆形拖曳力及其对总拖曳力的贡献均随脊帆强度减小而减小，随着粗糙长度增大而减小，但变化率和变化幅度不同。

由于脊帆强度的增大代表形拖曳力的增大，而冰面粗糙长度的增大代表摩拖曳力的增大，冰-气拖曳系数 C_{dn}（10）和脊帆形拖曳力及其对总拖曳力的贡献随脊帆强度和粗糙长度的变化趋势主要由形拖曳力和摩拖曳力的优势地位（对应较小的脊帆强度，摩拖曳力占优势地位，而对应较大的脊帆强度，形拖曳力占优势地位）变化引起。

取威德尔海冬季海冰表面粗糙长度（z_0）$=10^{-4}$ m 和脊帆强度（R_i）$=0.007$，可以得到冰-气拖曳系数［C_{dn}（10）］$= 2.2\times10^{-3}$，脊帆形拖曳力占总拖曳力比例为 35%，与前人的研究结果基本一致，同时也说明了脊帆形拖曳力在冰-气动量交换中的重要作用。本章的研究工作可推动海冰动力学模式的进一步发展。

6 南极威德尔海西北区域冬季海冰龙骨形态和空间分布

海冰是极地海洋最显著的特征，其季节和年际变化对极地冰盖、海平面变化以及全球气候都有重要影响[145]。极地海冰形态在风、流、浪等环境外力作用下，海冰由于破碎、重叠和挤压等产生隆起而形成冰脊，包括冰面脊帆和冰底龙骨（图 1-1），其中脊帆高度/龙骨深度表示冰脊的垂向特征，而频次（每千米内脊帆/龙骨个数）表示其水平特征。观测极地海冰底面形态特征并分析其变化规律，有助于基于海冰粗糙度信息的冰厚遥感算法和海冰热动力学数值模拟参数化方案的优化，对深入理解极地海冰特征对气候变化的响应也有重要意义。冰脊作为极地海冰表面最重要的几何特征，一方面，改变了海冰的光学和微波性质，使利用遥感方法（机载电磁感应系统、雷达等）对其空间分布进行观测成为可能[20]，同时对冰脊形态和空间分布的研究又会促进基于海冰表面和底面相关性的冰厚反演算法的发展[116]。另一方面，在密集冰区，冰-气/冰-水界面的动量交换主要依赖冰脊的高度、间距等，冰-水界面的动量交换主要依赖龙骨的深度、间距等[56]，因此关于冰脊形态和空间分布的研究对海冰拖曳系数参数化以及动力学模型的改进也有着极其重要的作用。

国内外学者利用船载系统[55,146]、钻孔测量设备[147]、机载激光系统[116,148]、机载电子传感设备[119]以及遥感[149,150]等观测手段，对不同区域海冰表面的脊帆形态和空间分布进行了研究和分析，取得了一系列重要成果。然而，受观测技术、现场环境、海冰时空分布等因素的制约，目前关于海冰底面龙骨形态和空间分布的现场观测和定量分析还较少。Tin 等[114]依据钻孔观测数据分析了南极不同区域的龙骨深度、宽度和面积等形态参数。Ekeberg 等[146]和 Obert 等[151]分别基于声呐观测系统测得的数据对北极不同区域的龙骨形态参数进行了分析。目前的研究集中于单个龙骨的几何形态统计，没有顾及对海冰底面形态有重要影响的龙骨空间分布问题。

类似于海冰表面脊帆形形态，在研究冰面脊帆和冰底龙骨的形态以及分布特征之前，需要先从冰底起伏中将龙骨区分出来，即选取一个切断深度来区分冰底隆起程度的差异：顶点深于切断深度的冰底起伏称为龙骨，其他冰底起伏称为局部粗糙单元[42]（海冰表面和底面横截面如图 1-1 所示，南极海冰表面实际形态见图 6-1）。由此可见，确定海冰龙骨的关键在于确定合适的切断深度，而已有的研究都是利用瑞利准则和现场观测经验相结合的方法来选取切断深度[114,146]，具有一定的主观性和任意性，制约了龙骨形态参数值的有效估算及冰-水动量交换等研究的发展。脊帆切断高度的确定方法已经在第 4 章中进行过专门讨论，这里主要讨论龙骨切断深度的最优化识别。

图 6-1　中国第 36 次南极科学考察期间获得的海冰冰脊

本章基于机载电磁感应系统测得的南极威德尔海西北区域 2006 年冬季海冰底面起伏数据和第 4 章中关于脊帆空间分布和海冰分类的研究，结合数学建模、优化辨识和统计分析等数学研究方法，建立以龙骨切断深度为辨识参数的非线性统计优化模型，并利用优化数值算法确定出最优切断深度；利用统计方法分析龙骨深度、间距、横截面宽度和面积等形态参数，找出影响龙骨形态和分布的重要参数，并对龙骨深度和频次的相关性进行分析，并通过构造的新参数分析龙骨深度与脊帆高度之间的相关性，为从海冰底面形态中明确区分出局部起伏和龙骨提供有效方法，并为海冰表面和底面形态相关性以及利用海冰表面高度反演底面深度和冰厚的研究提供进一步的理论参考依据。

6.1 数据和研究区域

6.1.1 数据来源与处理

本书使用的海冰底面起伏数据是由德国阿尔弗雷德-魏格纳极地和海洋研究所 Polarstern 号考察船于 2006 年 8 月 24 日—10 月 29 日在南极威德尔海西北区域的海冰科学考察期间测得（第 4.2.1 节）。观测使用的机载电磁感应系统（Electromagnetic-induction bird，EM-bird，图 4-2）由拖缆悬挂于直升机下方 20 m，整个装置距离海冰表面 10～20 m[119]。用于观测海冰表面起伏的 Riegl LD90 型激光高度计置于 EM-bird 的前部，精度为 2.5 cm，激光二极管产生的脉冲波长为 905 nm（红外），采样频率为 100 Hz。海冰底面起伏数据由 EM-bird 获取，仪器长度、直径和质量分别为 3.5 m、0.35 m 和 105 kg，精度为 0.1 m，采样频率为 10 Hz。测量时直升机的飞行速度约为 40 m/s，激光高度计和 EM-bird 相邻高程数据点的水平间距分别为 0.3～0.4 m 和 3～4 m。固定在直升机甲板上的 GPS 定位系统每隔 0.1 s 记录一次直升机到参照点的高度，测得的数据由直升机内的计算机进行存储和处理。由于直升机的飞行高度、速度变化等都会影响冰面和冰底起伏数据的测量，因此在数据处理阶段，需要采用三步自动过滤法消除飞机自身运动状态对高程数据的影响（第 4.2.2 节）。海冰的表面高度和底面深度是通过直升机飞行高度、激光高度计测得的直升机到海冰表面距离以及 EM-bird 测得的直升机到海冰底面距离联合求得。即假设直升机飞行高度为 H_i，由激光高度计观测的海冰上表面与直升机之间高度为 h_s，由 EM 系统观测的海冰下表面与直升机之间的高度为 h_b，则相对于水平冰面的海冰上表面高度 h_{is} 可表示为 $h_{is} = H_i - h_s$，海冰厚度可表示为 $z_i = h_b - h_s$，相对于水平冰面的海冰下表面深度 d_{ib} 可表示为 $d_{ib} = z_i - h_{is}$。

6.1.2 研究区域

根据冰区现场情况（图 4-1）和海冰形成机理，可以将考察区域分为北、中、南三部分。考察区域北部为浮冰边缘区（60°S～62°S），相对较弱的动力作用导致较小的冰面和冰底变形程度，该地区冰脊主要由平整冰破碎和堆积而成，导致冰脊数量较少，脊帆高度和龙骨深度较小，甚至有些剖面不存在龙骨。考察区域中部（62°S～63.5°S）是动力作用一年冰区和二年冰区，该地区没有完全融化的夏季海冰会在冬季继续冻结，并且较强的动力作用会造成海冰厚度的显著增长，因此冰脊数量较多，脊帆高度和龙骨深度都较大。考察区域南部（63.5°S～66°S）为拉尔森冰架前冰间湖形成的一年冰区，该地区冰山和浮冰运动速度在风力、海流等环境外力作用下呈现明显差异，新生海冰较多，冰脊形态变化非常显著，最大冰脊仅出现在威德尔湾外流的冰架附近（最大脊帆高度可达 6 m，龙骨深度可达 24 m），且冰脊非常密集，而冰间湖内的冰脊数量较少，脊帆频次较低[148]，冰底几乎没有龙骨存在。

6.2 龙骨切断深度的统计优化模型及性质

龙骨切断深度的优化辨识是精确识别龙骨的关键，也是影响冰底起伏中龙骨与局部粗糙单元区分合理性、海冰表面和底面相关性以及冰-水动力作用有效估算的关键因素。而现有的龙骨切断深度确定方法是采用瑞利准则[121]和现场观测经验相结合而来[114,146]，但瑞利准则不能给出切断深度的上限，具有明显的不足。因此，本节结合龙骨深度和间距的概率分布，建立以切断深度为辨识参数的非线性统计优化模型，并通过模型求解确定出最优切断深度，进而从海冰底面起伏中合理分离出龙骨。

6.2.1 龙骨深度的经验分布模型

假设 $f_{kd}=f_{kd}(d;d_{k-c},\Phi_k)$ 为海冰龙骨深度的经典理论概率密度函数，并且 Lipchitz 连续，其中 $d\in D_k$ 为龙骨深度，$D_k:=[d_{k-c},\ d_{k-\max}]$，$d_{k-c}$ 为龙骨切断深度，$d_{k-\max}\in R^+$（$d_{k-\max}<+\infty$）为最大龙骨深度，Φ_k 为与切断深度 d_{k-c} 相关的参数集。

Hibler 等[48]假设龙骨深度的概率密度函数与 exp（$-d^2$）成正比，认为龙骨深度符合以下分布公式：

$$f_{kd}(d;d_{k-c},\lambda_1)=2\sqrt{\frac{\lambda_1}{\pi}}\cdot\exp(-\lambda_1 d^2)\cdot\frac{1}{g\left(d_{k-c}\sqrt{\lambda_1}\right)},\quad d\geqslant d_{k-c},d\in D_k \tag{6-1}$$

式中，g（x）是互补误差函数，并且可以表示为

$$g(x)=\frac{2}{\pi}\int_x^{+\infty}\mathrm{e}^{-t^2}\mathrm{d}t \tag{6-2}$$

式中，参数 $\lambda_1\in\Phi_k$，并且与平均龙骨深度 $\bar{d}$ 满足下面关系

$$\bar{d}=\exp(-\lambda_1 {d_{k-c}}^2)\cdot\frac{1}{\sqrt{\lambda_1\pi}\cdot g\left(d_{k-c}\sqrt{\lambda_1}\right)} \tag{6-3}$$

Wadhams[53]发现指数分布更能刻画龙骨深度的概率分布：

$$f_{kd}(d;d_{k-c},\lambda_2)=\lambda_2\cdot\exp[-\lambda_2(d-d_{k-c})],\quad d\geqslant d_{k-c},d\in D_k \tag{6-4}$$

式中，参数 $\lambda_2\in\Phi_k$ 并且与平均龙骨深度 $\bar{d}$ 满足下面关系

$$\lambda_2^{-1}=\bar{d}-d_{k-c} \tag{6-5}$$

6.2.2 龙骨间距的经验分布模型

假设 $f_{ks}=f_{ks}(s;d_{k\text{-}c},\Psi_k)$ 为海冰龙骨间距的经典理论概率密度函数，并且 Lipchitz 连续，式中，$s\in S_k$ 为龙骨间距，$S_k:=[s_{k-\min}, s_{k-\max}]$，$s_{k-\min}$，$s_{k-\max}\in R^+$（$s_{k-\min}<s_{k-\max}<+\infty$）分别为最小和最大龙骨间距，$\Psi_k$ 为与切断深度 $d_{k\text{-}c}$ 相关的参数集。

类似于龙骨深度分布，Hibler 等[48]将龙骨沿观测路线的出现看作泊松过程，给出了龙骨间距的指数分布概率密度函数模型：

$$f_{ks}(s;d_{k\text{-}c},\lambda_3)=\lambda_3\cdot\exp(-\lambda_3 s),\quad d\geqslant d_{k\text{-}c}, d\in D_k, s\in S_k \tag{6-6}$$

式中，$\lambda_3\in\Psi_k$ 并且与平均龙骨间距 $\bar{s}$ 满足下面关系

$$\lambda_3=\bar{s}^{-1} \tag{6-7}$$

Wadhams 等[51]则认为龙骨间距与对数正态分布吻合：

$$f_{ks}(s;d_{k\text{-}c},\theta_k,\mu_k,\sigma_k)=\exp\left\{-\frac{[\ln(s\text{-}\theta_k)-\mu_k]^2}{2\sigma_k^{\ 2}}\right\}\cdot\frac{1}{\sqrt{2\pi}\cdot\sigma_k\cdot(s-\theta_k)}, \tag{6-8}$$

$$s>\theta_k, d\geqslant d_{k\text{-}c}, d\in D_k, s\in S_k$$

式中，θ_k 是转换参数；μ_k、σ_k 分别为 ln（$s-\theta_k$）的均值和标准差，且满足

$$\bar{s}=\theta_k+\exp\left(\mu_k+\frac{\sigma_k^{\ 2}}{2}\right) \tag{6-9}$$

6.2.3 龙骨切断深度的统计优化模型（NOPM-NS）

过大的切断深度会忽略较小的龙骨，直接影响海冰底面形态分析的合理性和准确性，因此，必须结合测量环境和研究目的对其进行适当调整。本节结合龙骨深度和间距的概率分布密度函数，定义以下相对误差函数

$$E_{kd}(d_{k\text{-}c}):=\frac{\sum_{i=1}^{n}\left\|f_{kd}(d_i,d_{k-c};\Phi_k)-f_{kd,i}\right\|}{\sum_{i=1}^{n}\left\|f_{kd,i}\right\|}\times 100\%,\quad d_i\geqslant d_{k\text{-}c}, d_i\in D_k \tag{6-10}$$

$$E_{ks}(d_{k\text{-}c}):=\frac{\sum_{j=1}^{m}\left\|f_{ks}(s_j,d_{k\text{-}c};\Psi_k)-f_{ks,j}\right\|}{\sum_{j=1}^{m}\left\|f_{ks,j}\right\|}\times 100\%,\ d_i\geqslant d_{k\text{-}c},d_i\in D_k,s_j\in S_k \quad (6\text{-}11)$$

式中，E_{kd}（$d_{k\text{-}c}$）、E_{ks}（$d_{k\text{-}c}$）分别表示龙骨深度和间距的理论与实测概率密度之间的相对误差；d_i、s_j 分别表示龙骨实测深度和间距；$f_{kd,i}$、$f_{ks,j}$ 分别表示龙骨深度和间距的实测概率密度；f_{kd}（d_i，$d_{k\text{-}c}$；Θ）、f_{ks}（s_j，$d_{k\text{-}c}$；Ψ）分别表示龙骨深度和间距的经验概率密度函数（$i=1,2,\cdots,n$；$j=1,2,\cdots,m$）。

设 $d_{k-c}\in U_{ad}(d_{k-c})$ 为辨识参数，U_{ad}（$d_{k\text{-}c}$）为关于切断深度的允许参数集：

$$U_{ad}(d_{k-c}):=\{d_{k-c}\,|\,3.58\leqslant d_{k-c}\leqslant 4.18\} \quad (6\text{-}12)$$

集合 U_{ad}（·）中，参数 d_c 的取值必须满足瑞利准则，并能充分体现实测龙骨深度的高频部分。将式（6-1）和式（6-4）分别简称 H 型分布和 W 型分布，式（6-6）式和（6-8）分别简称 E 型分布和 L 型分布，并以集合 U_{ad}（$d_{k\text{-}c}$）中的下限 d_{c0}=3.7 m 为初值，Δd=0.1 m 为步长对切断深度进行参数辨识，不同切断深度下龙骨深度和间距的分布误差结果如图 6-2 所示。由图 6-2 可以看出，在任一切断深度下，W 型分布与龙骨实测深度分布之间的相对误差均不超过 5.3%，而 H 型分布与龙骨实测深度分布之间的相对误差均大于 7.3%；L 型分布与龙骨实测间距分布的相对误差基本不超过 5.0%，而 E 型分布与龙骨实测间距分布的最小相对误差在 7.5%左右。以上分析说明，对任意切断深度，W 型分布和 L 型分布与龙骨实测深度和间距分布吻合较好。

为综合考虑龙骨深度和间距对切断深度的影响[148]，定义指标函数如下：

$$J(d_{k-c}):=E_{kd-w}(d_{k-c})+2E_{ks-l}(d_{k-c}) \quad (6\text{-}13)$$

式中，

$$E_{kd-w}(d_{k-c}):=\frac{\sum_{i=1}^{n}\left\|f_{kd-w}(d_i,d_{k-c};\lambda_2)-f_{kd,i}\right\|}{\sum_{i=1}^{n}\left\|f_{kd,i}\right\|}\times 100\%,\quad d_i\geqslant d_{k-c},d_i\in D_k \quad (6\text{-}14)$$

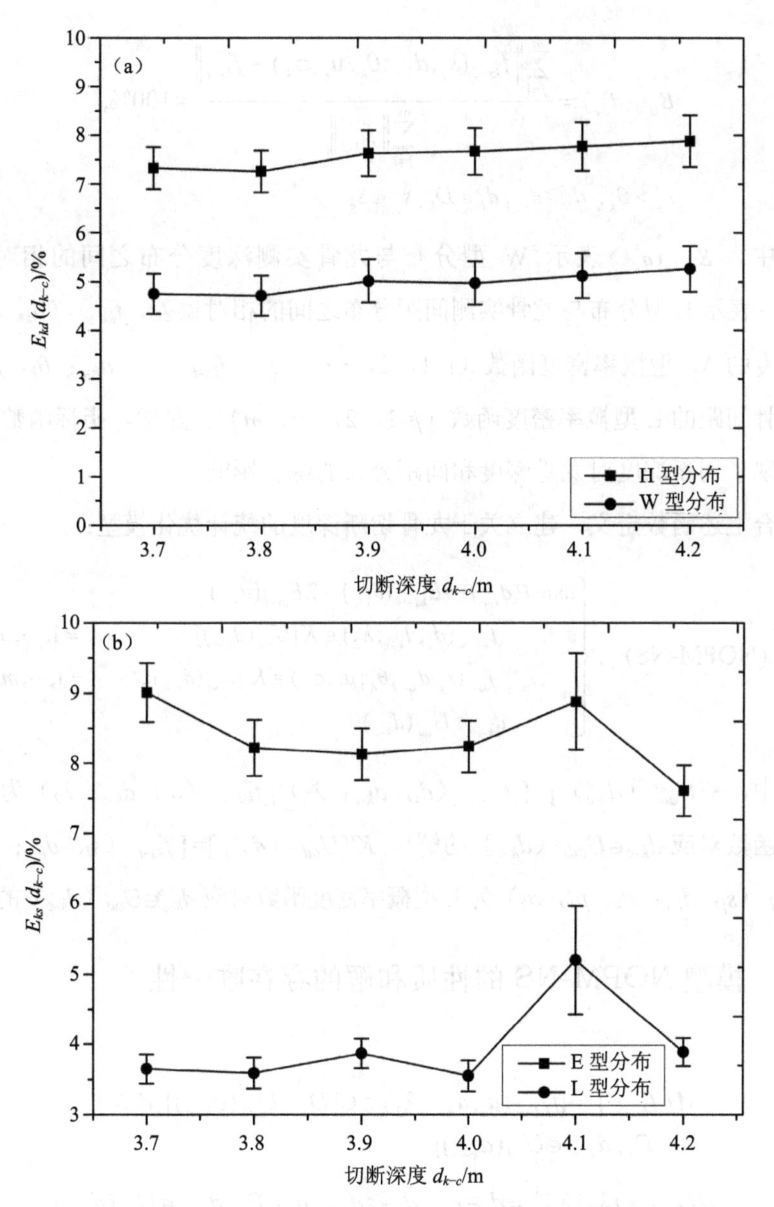

图 6-2 不同切断深度下龙骨深度和间距的理论和实测概率分布的相对误差

$$E_{ks-l}(d_{k-c}):=\frac{\sum_{j=1}^{m}\left\|f_{ks-l}(s_j,d_{k-c};\theta_k,\mu_k,\sigma_k)-f_{ks,j}\right\|}{\sum_{j=1}^{m}\left\|f_{ks,j}\right\|}\times 100\%, \tag{6-15}$$

$$s_j>\theta_k,\ d_i\geqslant d_{k-c},d_i\in D_k,s_j\in S_k$$

式中，$E_{kd-w}(d_{k-c})$表示 W 型分布与龙骨实测深度分布之间的相对误差，$E_{ks-l}(d_{k-c})$表示 L 型分布与龙骨实测间距分布之间的相对误差，f_{kd-w}（d_i，d_{k-c}；λ_2）龙骨深度的 W 型概率密度函数（i=1，2，…，n），f_{ks-l}（s_j，d_{k-c}；θ_k，μ_k，σ_k）表示龙骨间距的 L 型概率密度函数（j=1，2，…，m）。显然，指标函数 J（d_{k-c}）充分体现了切断深度对龙骨深度和间距分布的综合影响。

结合上述函数定义，建立关于龙骨切断深度的统计优化模型：

$$(\text{NOPM-NS})\quad\begin{cases}\min J(d_{k-c}):=E_{kd-w}(d_{k-c})+2E_{ks-l}(d_{k-c})\\ \text{s. t.}\quad f_{kd-w}(d_i,d_{k-c};\lambda_2)\in K[U_{ad}(d_{k-c})], & i=1,\cdots,n\\ \qquad f_{ks-l}(s_j,d_{k-c};\theta_k,\mu_k,\sigma_k)\in K'[U_{ad}(d_{k-c})], & j=1,\cdots,m\\ \qquad d_{k-c}\in U_{ad}(d_{k-c})\end{cases} \tag{6-16}$$

式中，$K[U_{ad}$（d_{k-c}）$]$={ f_{kd-w}（d_i，d_{k-c}；λ_2）| f_{kd-w}（d_i，d_{k-c}；λ_2）为 W 型概率密度函数对应 $d_{k-c}\in U_{ad}$（d_{k-c}）的解}，$K'[U_{ad}$（d_c）$]$={ f_{ks-l}（s_j，d_{k-c}；θ_k，μ_k，σ_k）| f_{ks-l}（s_j，d_{k-c}；θ_k，μ_k，σ_k）为 L 型概率密度函数对应 $d_{k-c}\in U_{ad}$（d_{k-c}）的解}。

6.2.4　模型 NOPM-NS 的性质和解的存在唯一性

令

$$M(f_{kd-w}):=\{f_{kd-w}(d_i,d_{k-c};\lambda_2)\in C[D_k\times U_{ad}(d_{k-c})]\mid d_i\geqslant d_{k-c},\ d_i\in D_k,d_{k-c}\in U_{ad}(d_{k-c})\} \tag{6-17}$$

$$N(\lambda_2):=\{\lambda_2\mid\lambda_2^{-1}=\bar{d}-d_{k-c},\bar{d}\geqslant d_{k-c},\bar{d}\in D_k,d_{k-c}\in U_{ad}(d_{k-c})\} \tag{6-18}$$

则

$$K[U_{ad}(\cdot)]=M(f_{kd-w})\bigcap N(\lambda_2) \tag{6-19}$$

取

$$P(f_{ks-l}):=\{f_{ks-l}(s_j,d_{k-c};\theta_k,\mu_k,\sigma_k)\in C[S_k\times U_{ad}(d_{k-c})]\mid s_j\in S_k,d_{k-c}\in U_{ad}(d_{k-c})\} \tag{6-20}$$

$$Q(\theta_k,\mu_k,\sigma_k):=\left\{(\theta_k,\mu_k,\sigma_k)\mid \bar{s}=\theta_k+\exp\left(\mu_k+\frac{\sigma_k^{\ 2}}{2}\right),\bar{s}\in S_k,d_{k-c}\in U_{ad}(d_{k-c})\right\} \tag{6-21}$$

则

$$K'[U_{ad}(\cdot)]=P(f_{ks-l})\bigcap Q(\theta_k,\mu_k,\sigma_k) \tag{6-22}$$

定义统计优化模型（NOPM-NS）的可行域为

$$X(d_{k-c}):=K[U_{ad}(d_{k-c})]\bigcap K'[U_{ad}(d_{k-c})\bigcap U_{ad}(d_{k-c})] \tag{6-23}$$

显然，可行域 X 是一个紧集，性能指标 J（d_{k-c}）在 X 上连续，并且该模型的最优解（最优切断深度）存在（证明方法同第 4 章定理 4.1～4.3）。

6.3 模型 NOPM-NS 的优化算法和数值结果

6.3.1 模型 NOPM-NS 的优化算法

本节利用线性搜索方法使模型（NOPM-NS）的性能指标 $J(\cdot)$ 达到最小值，数值算法如下：

Step 1. 初始化： $d_{k-c,0}$（切断深度），Δd_{k-c}（步长），$d_{k-c,\max}$（最大切断深度），令 $p=1$。

Step 2. 输入： 龙骨深度 d_i（$i=1,2,\cdots,n$）和间距 s_j（$j=1,2,\cdots,m$）观测值，龙骨平均深度 $\bar{d}$ 和间距 $\bar{s}$。

Step 3. 辨识： 分别由式（6-5）和式（6-9）辨识出参数 λ_2，θ_k，μ_k 和 σ_k。

Step 4. 计算： 分别由式（6-4）和式（6-8）计算 $f_{kd-w}(d_i,d_{k-c};\lambda_2)$ 和 $f_{ks-l}(s_j,d_{k-c};\theta_k,\mu_k,\sigma_k)$，由式（6-16）计算模型 NOPM-NS 的性能指标 $J(\cdot)$。

Step 5. 令 $d_{k-c,p}=d_{k-c,0}+p\times\Delta d_{k-c}$，如果 $d_{k-c,p}<d_{k-c,\max}$，转 Step 2；否则，令

$$d_{k-c,p}=d_{k-c,0}+(p-1)\times\Delta d_{k-c}$$

Step 6. 如果$J(d_{k-c,p})<J(d_{k-c,p-1})$，令$d_{k-c,p}{}^{*}=d_{k-c,p}$，停止；否则，令$p=p+1$，转 Step 5。

6.3.2 数值结果

取初始切断深度$d_{k-c,0}=3.58\text{ m}$，步长$\Delta d_{k-c}=0.1\text{ m}$，最大切断深度$d_{k-c,\max}=4.18\text{ m}$，则由第 6.3.1 节中数值算法可得出模型 NOPM-NS 的最优解（最优切断深度）为$d_{k-c,p}{}^{*}=3.78\text{ m}$。图 6-3 展示了误差函数$E_{kd-w}(d_{k-c})$，$E_{ks-l}(d_{k-c})$及统计优化模型 NOPM-NS 的指标函数$J(d_{k-c})$随切断深度的变化趋势。由图 6-3 可以看出，$E_{kd-w}(d_{k-c})$、$E_{ks-l}(d_{k-c})$和指标函数$J$（$d_c$）的最小值均出现在 3.78 m 处。因此，根据统计优化模型 NOPM-NS，可将龙骨的最优切断深度确定为$d_{k-c}{}^{*}=3.78$。

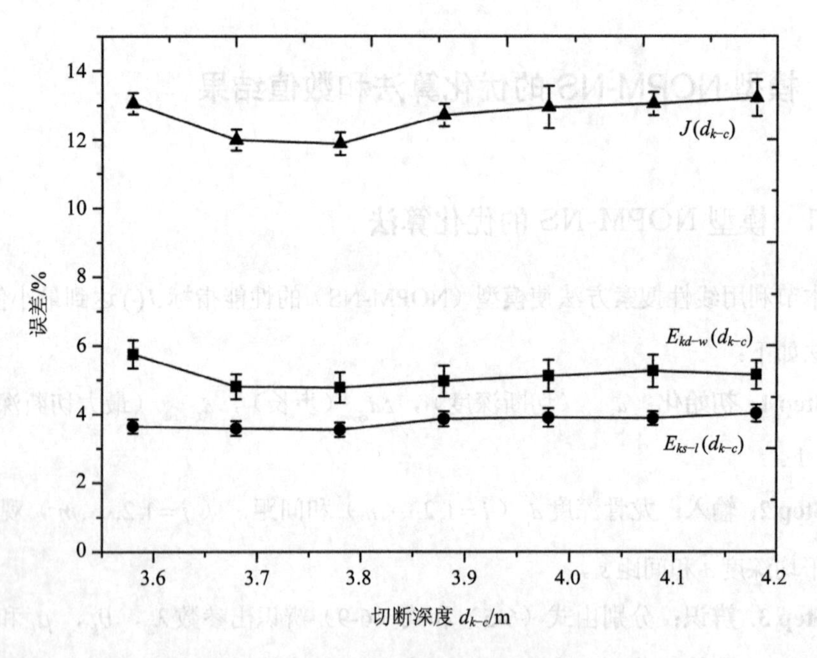

图 6-3　不同切断深度下 H 型分布和 L 型分布的相对误差$E_{kd-w}(d_{k-c})$和$E_{ks-l}(d_{k-c})$及性能指标$J(d_{k-c})$的变化趋势

Granberg 等[58]认为切断高度应该远大于冰面高度的标准差或是冰面高度标准差的两倍，即 $h_0 >> \sigma_e$ 或 $h_0 > 2\sigma_e$，其中 σ_e 是冰面高度的标准差。同样的方法可用于龙骨切断深度的评估。本章所用海冰底面深度的标准差为 e_s = 0.52 m，所得到的最优切断高度 $d_{k-c}{}^* = 3.78$ m 远大于 $2e_s$。因此，$d_{k-c}{}^* = 3.78$ m 可作为确定龙骨定点的下限（图 6-4）。

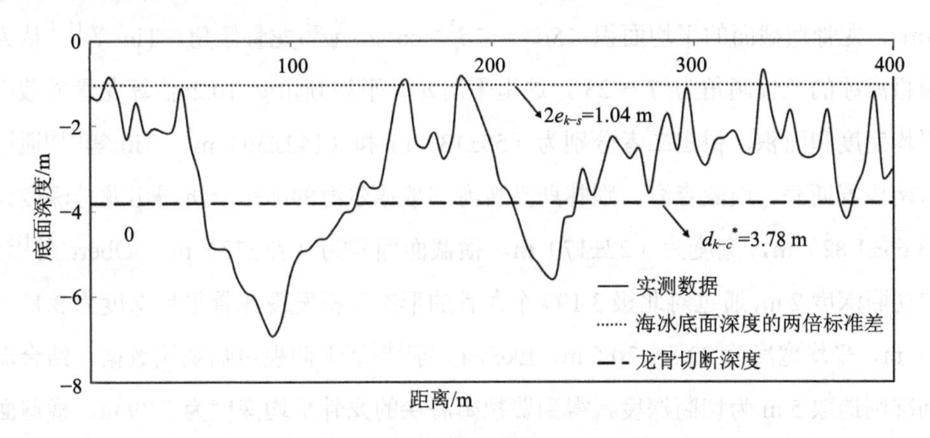

注：e_{k-s} 表示冰底深度标准差。

图 6-4 最优切断高度与海冰底面深度的标准差示意图

Davis 等[152]取切断深度 d_{k-c} = 5 m 对北极海冰龙骨形态进行了深入分析。Ekeberg 等[146]基于仰视声呐数据，利用瑞利准则得到的切断深度 d_{k-c} = 5 m 研究了弗拉姆（Fram）海峡的海冰龙骨形态。Obert 等[151]利用切断深度 d_{k-c} = 2 m 分析了北极诺森伯兰（Northumberland）海峡 3 199 个海冰龙骨形态。不同研究所采取的切断深度具有明显差异，其可能原因如下：

①海冰和冰脊的物理性质与海冰季节和年际变化密切相关；

②差异显著的外界驱动力导致极地不同区域海冰生成机制的差异；

③确定冰脊切断深度的方法不同。

6.4 龙骨基本形态参数统计分析

根据观测数据计算得出，威德尔海西北区域的龙骨平均深度为（4.95±1.13）m。假设龙骨的横截面为等腰三角形[126]，则龙骨横截面的平均宽度$\langle w_k\rangle=2\langle d\rangle\cot\psi$，龙骨横截面的平均面积$\langle S_k\rangle=\langle d^2\rangle\cot\psi$，$\psi$为龙骨倾角。Tin 等[114]认为南极海冰的龙骨倾角为 7°～23°，这里采用龙骨平均倾角ψ=10.2°估算龙骨横截面平均宽度和面积，得出二者分别为（55±13）m 和（142±36）m^2。Tin 等[114]通过对南极罗斯海、埃蒙森海、别林斯高晋海和威德尔海的冰脊分析得出龙骨深度为（3.65±1.82）m，宽度为（27±17）m，横截面面积为（73±72）m^2。Obert 等[151]取切断深度 2 m，通过对北极 3 199 个龙骨的形态分析发现龙骨平均深度为 3.13～3.6 m，平均宽度为 22.5～70.5 m。Ekeberg 等[146]基于仰视声呐观测数据，结合瑞利准则选取 5 m 为切断深度，得到费拉姆海峡的龙骨平均深度为 7.29 m，横截面平均面积为 164 m^2。由以上分析可以看出，观测时间、区域及切断深度的不同会导致参数统计和估算结果的差异。

Tan 等[148]以脊帆强度（脊帆高度与间距的比值）为指标，综合考虑了地理位置和生长环境对冰脊形态的影响，利用改进的 k 均值聚类算法对威德尔海西北区域的冰脊进行了分类，将观测剖面分为 3 类，分别记为 C_1、C_2和 C_3。脊帆强度较小的剖面为类别 C_1，仅出现在浮冰边缘区和拉尔森冰间湖，脊帆强度较大的剖面为类别 C_2，主要出现在研究区域中部的一年冰区和二年冰区，而脊帆强度最大的剖面为类别 C_3，仅出现在观测区域南部的威德尔湾冰架边缘附近。

基于上述观测剖面的分类，本节计算各剖面对应于 d_c^*=3.8 m 的龙骨形态参数，包括龙骨强度、深度、间距、横截面宽度和面积（计算结果均为各剖面的平均值，表 6-1），同时也将 Tan 等[148]中关于脊帆的形态参数列于表中，以便进行对比和分析。从表 6-1 中可以看出，随着脊帆/龙骨强度的增大，脊帆高度/龙骨深度、横截面宽度和面积均逐渐增大，而脊帆/龙骨间距则快速减小，说明威德尔海区域的地理位置和生长环境对冰脊间距的影响远大于对冰脊大小的影响，间距是影响该地区冰脊强度的重要因素。另外，不同类别剖面脊帆/龙骨的横截面宽度和面积之间差异均较小，说明威德尔海西北区域海冰的变形差异虽然显著，但冰脊形状的变化却不明显。

表 6-1 冰脊（脊帆和龙骨）基本参数

类别	脊帆					龙骨				
	强度	高度/m	间距/m	横截面宽度/m	横截面面积/m^2	强度	深度/m	间距/m	横截面宽度/m	横截面面积/m^2
C_1	0.004	0.99	232	3.96	1.96	0.008	4.46	1323	50.6	112.8
C_2	0.017	1.12	54	4.48	2.51	0.037	5.26	268	59.7	156.9
C_3	0.038	1.17	21	4.68	2.74	0.051	5.46	131	61.9	169.1

注：表中所列参数值均为平均值。

6.5 冰脊龙骨空间分布

6.5.1 龙骨深度分布

为了深入比较不同类别（分类详见第 4 章及 Tan 等[148]）的龙骨深度实测分布情况，图 6-5 给出了龙骨深度分布的概率密度函数（PDFs）。从图中容易看出，尽管（类别 C_1）图 6-5（a）尾部存在较明显的离散现象，而且类别 C_2 和 C_3［图 6-5（b）、（c）］尾部也存在离散点，W 型分布对任一类别均与实测龙骨深度分布吻合较好。对应所有类别，H 型分布均低估了首尾两端龙骨的出现频率，而高估了中间部分龙骨的出现频率；但从类别 C_1 到 C_3，H 型分布与实测数据的尾部偏差有明显减小的趋势。

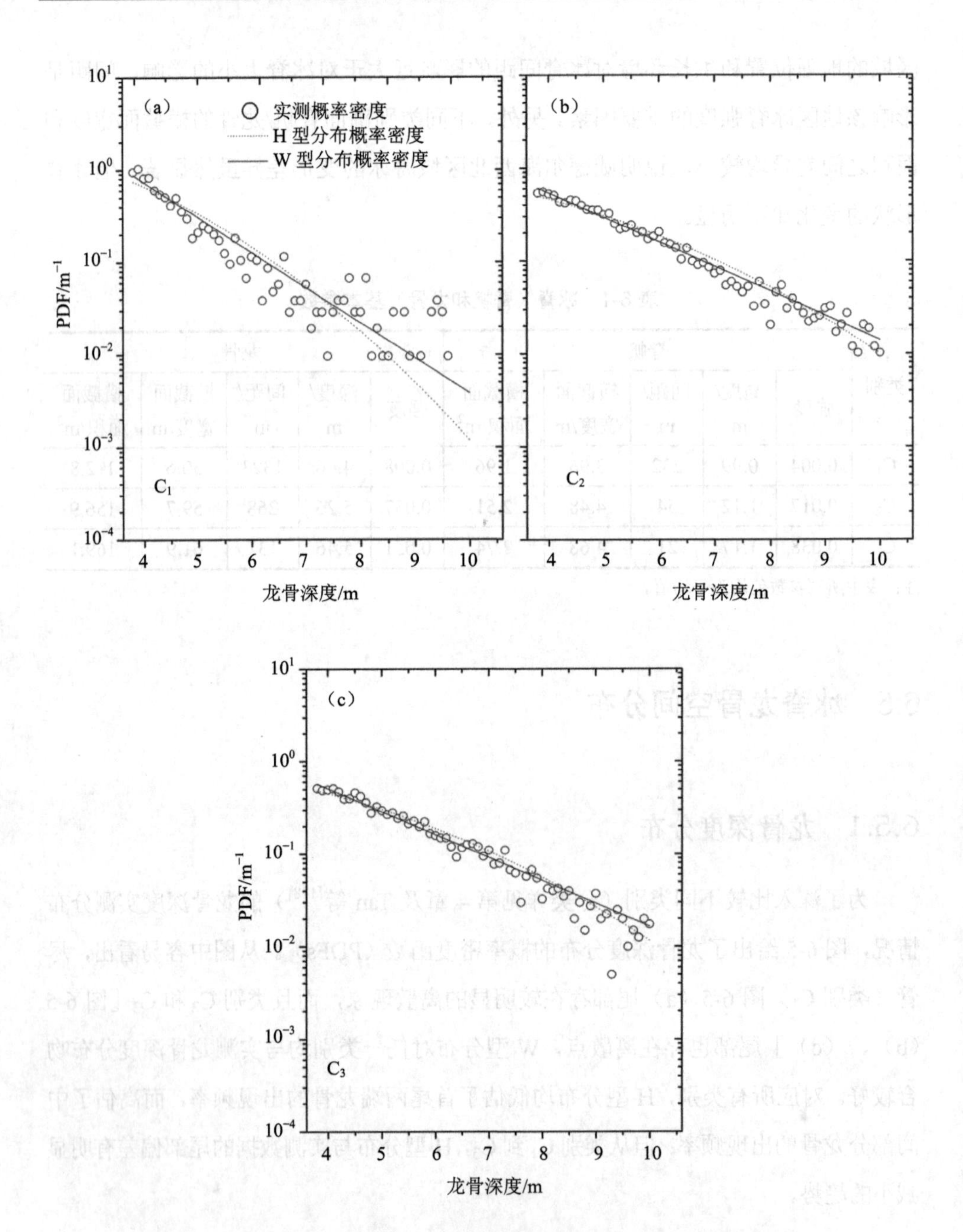

图 6-5　对应不同脊帆强度的脊帆高度概率密度函数（相关系数见表 6-2）

回归分析结果（表 6-2）表明，对任意海冰类别，W 型分布与实测龙骨深度分布之间的线性相关系数都大于H型分布与实测龙骨深度分布之间的线性相关系数，再次说明了 H 型分布与实测龙骨深度分布之间的弱吻合性。

表 6-2　H 型和 W 型分布与龙骨深度样本概率密度之间的线性相关系数

类别	H 型分布	W 型分布
C_1	0.872	0.908
C_2	0.976	0.984
C_3	0.970	0.973

另外，为量化模型与实测分布的偏差，定义平方差均值

$$E_{m-kd}(d)=1/n\sum_{i=1}^{n}\left|f_{kd}(d_i,d_{k-c};\Theta)-f_{kd,i}\right|,\quad d_i>d_c \tag{6-24}$$

式中，$E_{m\text{-}kd}(d)$ 为龙骨深度的模型与样本概率密度的平方差均值，其他变量、函数定义同第 6.3 节。表 6-3 给出了 H 型和 W 型分布与实测龙骨深度分布的概率密度平方差均值，从表中明显可以看出，对于 3 个类别，W 型分布与龙骨深度的样本概率密度平方差均值均比H型分布与实测龙骨深度的样本概率密度平方差均值小，与图 6-5 中的结果相吻合。从表 6-3 中还可以看出，两种分布与实测龙骨深度分布的概率密度平方差均值从类别 C_1 到 C_3 不断减小，表明当脊帆强度增大到某一临界值时，H 型分布可能会与实测分布相吻合。

表 6-3　H 型和 W 型分布与实测龙骨深度分布之间的平方差均值

类别	H 型分布	W 型分布
C_1	0.258	0.194
C_2	0.089	0.076
C_3	0.086	0.070

6.5.2　龙骨间距分布

图 6-6 给出龙骨间距的概率密度函数 PDFs，从图中可以看出，对于 3 类剖面，

L 型分布虽然在两端略高估了实测龙骨间距，但是整体上均与实测龙骨间距分布吻合较好，而 E 型分布在两端低估了实测龙骨间距，而在中间部分高估了实测龙骨间距。

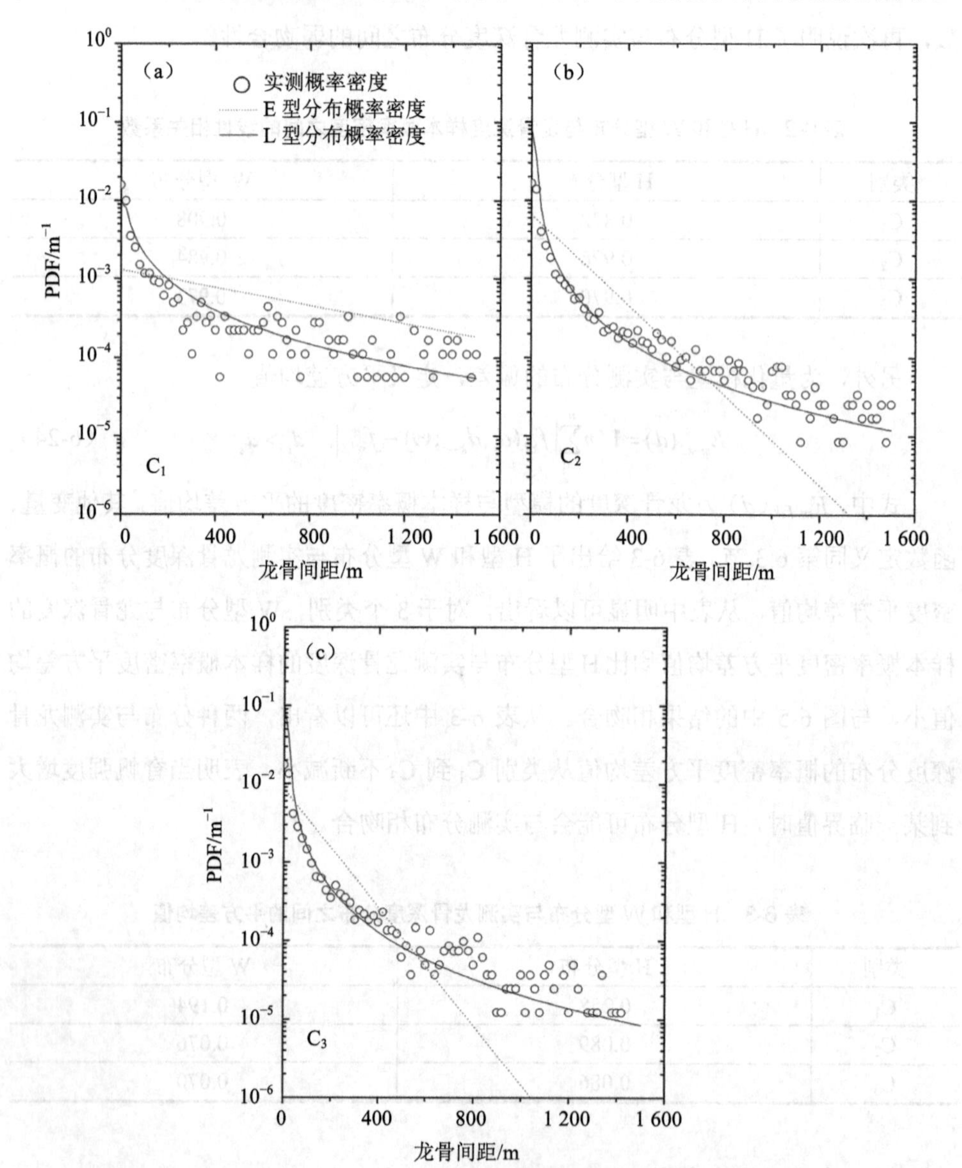

图 6-6 对应不同类别的龙骨间距概率密度函数（相关系数见表 6-4）

表 6-4 给出了 E 型分布和 L 型分布的概率密度函数与龙骨样本概率密度函数之间的相关系数。从表中可以看出，对于 3 类剖面，L 型分布与实测龙骨间距分布概率密度之间的相关系数均大于E型分布与实测龙骨间距分布概率密度之间的相关系数。

表 6-4 E 型和 L 型分布与实测龙骨间距分布之间的线性相关系数

类别	E 型分布	L 型分布
C_1	0.723	0.866
C_2	0.904	0.968
C_3	0.888	0.964

类似地，为量化模型与实测分布的偏差，定义平方差均值

$$E_{m-ks}(s)=1/m\sum_{j=1}^{m}\left|f_{ks}(s_j,d_{k-c};\Psi)-f_{ks-j}\right| \tag{6-25}$$

表 6-5 给出了 E 型分布和 L 型分布与实测龙骨间距分布的概率密度平方差均值，从表中明显可以看出，对于 3 个类别，L 型分布与实测龙骨间距分布的概率密度平方差均值均远小于E型分布与实测龙骨间距分布的概率密度平方差均值，有效验证了图 6-6 所得到的结果。另外，从类别 C_1 到 C_3，L 型分布与实测龙骨间距分布的概率密度平方差均值不断减小，但 E 型分布与实测龙骨间距分布的概率密度平方差均值却迅速增大。以上分析表明对于 WWOS 2006 科考期间测得的任意海冰剖面，E 型分布与实测龙间距分布都不吻合。

表 6-5 E 型和 L 型分布与实测龙骨间距分布之间的平方差均值

类别	E 型分布	L 型分布
C_1	0.472	0.279
C_2	0.613	0.183
C_3	0.875	0.196

6.6　相关分析和讨论

6.6.1　龙骨深度与频次的相关性分析

为了更好地刻画龙骨的形态和空间分布特征，有必要深入分析它们之间的相关性。这里整体考虑上述 3 类剖面，分析龙骨深度（d）和龙骨频次（μ_d）之间以及脊帆高度（h）与脊帆频次（μ_h）之间的相关关系（图 6-7）。从图 6-7（a）中可以看出，虽然某些剖面（大部分为 C_2 类别）存在龙骨深度与龙骨频次之间离散度较大的现象（超出置信区间），但是从整体来看，二者之间具有良好的对数相关关系［相关系数（r）=0.7］；而从图 6-7（b）中则可以看出，脊帆高度与脊帆频次之间的离散度相对较小，有比龙骨更好的对数相关关系［相关系数（r）=0.8］。以上结果说明，随着龙骨/脊帆频次的增大，龙骨深度/脊帆高度以对数形式逐渐增大，但龙骨深度/脊帆高度和相应频次的增量比值则随频次的增大而减小（最佳拟合曲线随频次增大而逐渐平缓）。另外，图 6-7 中的对数关系说明，对于给定的频次增量，强度较小时，间距和高度/深度的增量均大于较大强度下的间距和高度/深度增量，说明龙骨深度远小于间距随龙骨强度的变化速度，与表 6-1 中的结果一致，这说明对数关系较好地刻画了龙骨的形态和空间分布特征。

6.6.2　龙骨深度与脊帆高度的相关性分析

脊帆高度和龙骨深度作为表示冰脊垂向典型特征的基本参数，对研究海冰表面和底面形态相关性、海冰厚度等都有重要影响。由于极地海冰时空分布的随机性和复杂性，目前有效获取大范围内海冰底面的高精度数据仍存在困难，这里初步分析龙骨深度和脊帆高度的相关性，以期为研究海冰表面和底面形态之间的相关性和海冰厚度的反演提供理论依据。

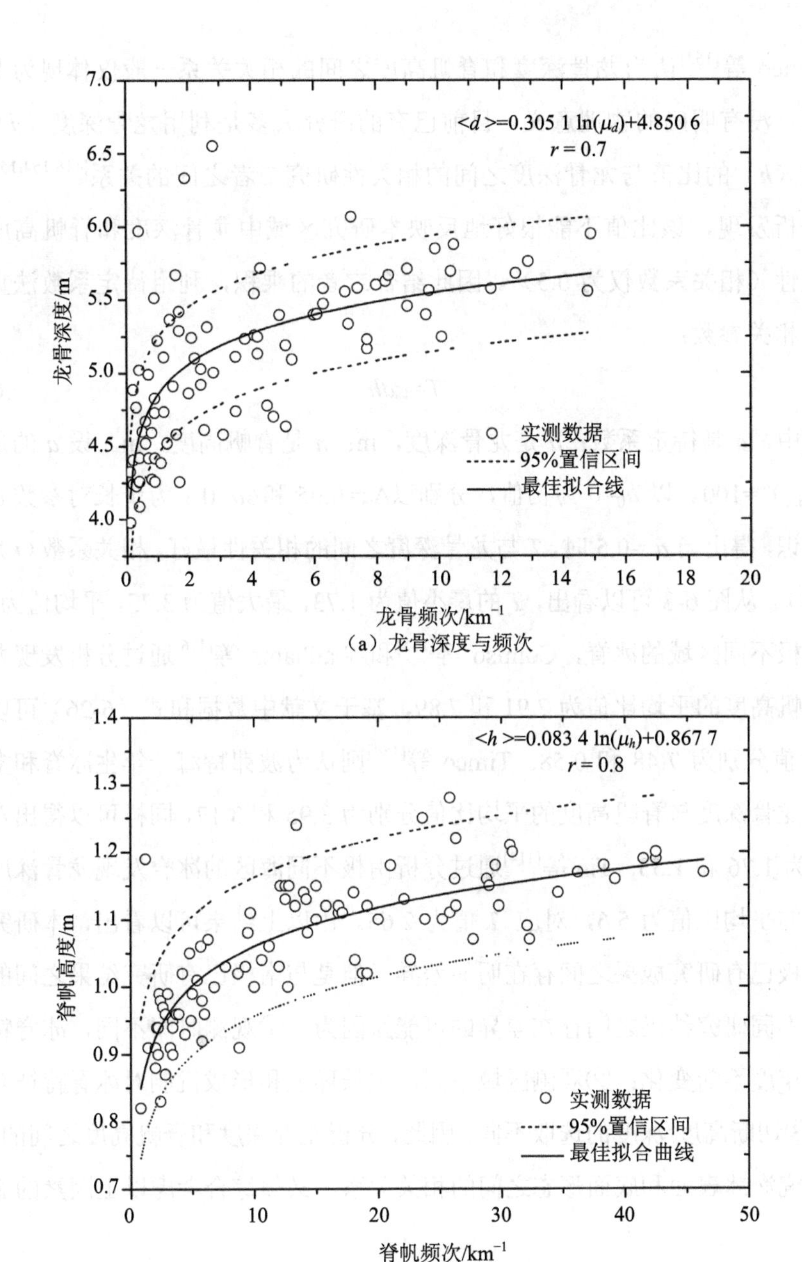

（a）龙骨深度与频次

（b）脊帆高度与频次

图 6-7 平均龙骨深度与频次和平均脊帆高度与频次的相关性比较

Timco 等[153]认为龙骨深度和脊帆高度之间的相关关系一般仅体现为曲线拟合关系，没有明确的物理意义。目前已有的研究大多是利用龙骨深度（d）和脊帆高度（h）的比值与龙骨深度之间的相关性研究二者之间的关系[116,154,155]，但通过分析发现，该比值不能很好地反映本研究区域中龙骨深度和脊帆高度之间的相关性（相关系数仅为 0.5）。因此结合二者的乘积，利用待定系数法重新定义如下相关参数：

$$T=adh \tag{6-26}$$

式中，a 是待定系数；d 是龙骨深度，m；h 是脊帆高度，m。设 a 的最大取值（a_{max}）=100。以 a_0=0 为初值，分别以Δa=0.05 和Δa=0.1 为步长对参数 a 进行优化辨识，得出当 a^*=0.5 时，T 与龙骨深度之间的相关性最好，相关系数（r）=0.93（图 6-8）。从图 6-8 可以看出，T 的最小值为 1.73，最大值为 3.75，平均值为 2.74。对于北极不同区域的冰脊，Comiso 等[155]和 Wadhams 等[116]通过分析发现龙骨深度与脊帆高度的平均比值为 7.91 和 7.89，基于文献中数据和式（6-26）可以得出对应 T 值分别为 7.48 和 0.58。Timco 等[154]则认为波弗特海一年生冰脊和多年生冰脊的龙骨深度与脊帆高度的平均比值分别为 3.95 和 3.17，同样可以得出对应的 T 值约为 1.76 和 1.53。Tin 等[114]通过分析南极不同海区的冰脊发现龙骨深度与脊帆高度的平均比值为 5.6，对应 T 值为 2.65。由以上结果可以看出，本研究的结果与北极已有研究成果之间存在明显差异，但是与南极已有研究结果之间的偏差较小。不同研究结果之间存在差异的可能原因为：①观测时间不同，冰脊特征随季节和年度不断变化；②观测区域不同，生长环境和形成机制对冰脊特征有显著影响；③切断高度/深度的选取不同。因此，分析龙骨深度和脊帆高度之间的关系，进而研究海冰表面和底面形态之间的相关关系，必须综合考虑以上因素的影响。

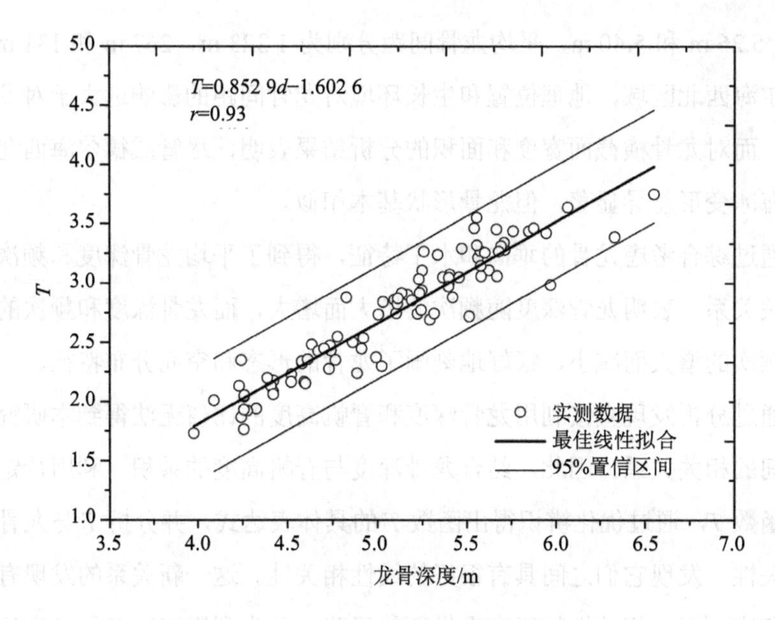

图 6-8 比值 *T* 与龙骨深度的相关关系

6.7 小结

本章对德国阿尔弗雷德-魏格纳极地和海洋研究所在南极威德尔海西北区域利用机载 EM-bird 系统所观测的海冰底面起伏数据进行了处理，得到相对于局部平整冰面的海冰底面深度，在此基础上分析了研究区域内冰底龙骨的基本形态和空间分布特征。主要得出如下结论：

①结合龙骨深度和间距的实测概率分布，建立了以龙骨深度和间距的理论与实测概率密度的相对误差之和为性能指标，切断深度为辨识参数的非线性统计优化模型，通过模型求解得出最优切断深度为 $d_{k\text{-}c}^{*}$=3.78 m，并用于区分海冰底面起伏中冰脊龙骨和局部粗糙单元。

②基于第 4 章中关于该研究区域的分类结果对龙骨的形态参数进行了统计和估算：3 个类别的平均龙骨强度分别为 0.008、0.037 和 0.051，龙骨深度分别为

4.46 m、5.26 m 和 5.40 m，平均龙骨间距分别为 1 323 m、267 m 和 131 m，说明在威德尔海西北区域，地理位置和生长环境对龙骨间距的影响远大于对龙骨深度的影响；而对龙骨横截面宽度和面积的分析结果表明，尽管威德尔海西北部不同区域的海冰变形差异显著，但龙骨形状基本相似。

③通过综合考虑龙骨的垂向和水平特征，得到了平均龙骨深度和频次之间的对数相关关系，表明龙骨深度随频次的增大而增大，而龙骨深度和频次的增量的比值随频次的增大而减小，很好地刻画了龙骨的形态和空间分布特征。

④通过分析发现直接利用龙骨深度和脊帆高度的比值无法得到本研究区域中二者之间的相关关系，因此，结合龙骨深度与脊帆高度的乘积，利用待定系数法定义了函数 T，通过优化辨识得出函数 T 的具体表达式，并分析 T 与龙骨深度之间的相关性，发现它们之间具有很好的线性相关性。这一新关系的发现有望为海冰表面和底面形态相关性的研究提供新的思路，并为利用海冰表面高度反演底面深度和海冰总厚度提供理论参考。

需要说明的是，本章所得到的平均龙骨深度与频次、平均龙骨深度与脊帆高度之间的相关关系仅针对威德尔海西北区域，需要通过更多的实测数据进行验证和改进，以期为海冰表面和底面形态相关性以及海冰厚度研究提供理论参考依据。

结 论

极地海冰对全球大气、海洋环流和气候变化均有极其重要的影响，其热力学过程决定海冰的生长、消融和内部温度结构，动力学过程则影响海冰的漂移和形变。冰脊作为海冰表面的主要形态特征，对大气、海冰、海水之间的动量、热量交换及冰量、冰厚估算起着关键作用。本书以研究海冰热力过程、冰脊形态及动力学特征为背景，依据北极现场测量的雪、冰、海水温度，研究了一类非线性非光滑分布参数系统的主要性质和参数辨识问题；又根据南极威德尔海测得的海冰表面高度和底面深度剖面，研究了一类具有非线性约束的统计优化问题及聚类算法在冰脊形态研究中的应用问题，并对脊帆形拖曳力和冰-气拖曳系数的参数化方案进行了创新性改进，分析了它们随脊帆强度和冰面粗糙长度的变化趋势和原因。主要结果概括如下：

①考虑了时变区域上的雪-冰-海水耦合热力学系统，建立了描述该系统的分片光滑的抛物型分布参数系统，证明了其弱解的存在唯一性和解对辨识参数的连续依赖性，并得到了系统及其弱解的一些基本性质；采用非重叠区域分解法将研究的时变区域分为雪层，冰层和海水层三个时变子域，并在内边界上引入连续性条件，使每个子域充分光滑；以各个子域的温度为状态变量，以雪、冰厚度为辨识参数，以模拟冰温和实测冰温的偏差为性能指标建立了参数辨识模型；证明了辨识模型最优参数的存在性，并导出了最优性条件；根据雪温和冰温分别关于雪厚和冰厚的单调递减性，基于半隐差分格式和非重叠 Schwarz 交替方向法构造了

优化算法，并根据中国第二次北极科学考察现场测得的雪温度/冰温度进行了数值模拟，模拟结果较好地反映了海冰温度在时间和空间上的实际变化规律，表明本书所建立的参数辨识模型和优化算法的合理性和有效性。本书不仅有助于推动海冰热力模式及分布参数系统参数辨识理论的研究，而且可为进一步研究北极海冰的热力学特征及其数值模拟提供理论指导。

②依据德国阿尔弗雷德-魏格纳极地和海洋研究所在WWOS 2006科学考察期间测得的海冰表面高度数据，确定出实测脊帆高度和间距分布的概率密度；以切断高度为优化变量，以脊帆高度和间距分布的概率密度数学模型与样本概率密度之间的误差为目标函数，以对应于优化参数的脊帆高度和间距分布的概率密度为约束条件，建立了具有非线性约束的统计优化模型，得到了最优切断高度，进而从海冰表面起伏中确定出脊帆；针对传统 k 均值聚类算法需要事先制定类别数 k 和容易陷入局部最优的缺陷，将粒子群优化与传统 k 均值聚类算法相结合搜寻最优聚类中心，在迭代过程中引入与式（4-6）相关的误差准则确定出最佳类别数，提出了一种改进的 k 均值聚类算法；并依据脊帆强度，利用所改进的算法对所测剖面进行分类，结果表明，当 k=3（记 C_1：$R_i \leqslant 0.01$、C_2：$0.01 < R_i \leqslant 0.026$ 和 C_3：$R_i > 0.026$）时，不仅各类所含剖面数量均占剖面总数的10%以上，而且能够较好地反映不同地理分区的冰脊特征，分类结果与雷达图像吻合良好；对脊帆形态参数的分析表明，脊帆强度主要受脊帆间距影响；通过显著性检验分析得到了平均脊帆高度和频次之间的对数相关关系，更好地刻画了脊帆的形态和空间分布特征；并通过显著性检验分析了平均脊帆高度、间距和强度及多脊冰平均厚度等脊帆形态参数随切断高度的变化趋势：平均脊帆高度和间距与切断高度之间具有很好的线性增长关系，可用来估算对应不同切断高度的平均脊帆高度和间距，而平均脊帆强度和多脊冰平均厚度均随切断高度的增大呈幂指数形式快速减小；探讨了平均冰厚和脊帆强度的相关性，通过显著性检验发现二者之间具有良好的线性相关关系，因此可以通过脊帆强度对平均冰厚进行估算。

③基于实测数据和第 4 章中关于脊帆形态和分布的研究，依据拖曳分割理论

对脊帆形拖曳力和冰-气拖曳系数［C_{dn}（10）］的参数化方案进行了创新性改进，并探索和分析了冰-气拖曳系数和脊帆形拖曳力及其对总拖曳力的贡献随脊帆强度和冰面粗糙长度的变化趋势及原因。C_{dn}（10）随脊帆强度增大呈递增趋势，但增长速度随粗糙长度增大而减小；对较小的脊帆强度（$R_i \leqslant 0.023$），C_{dn}（10）随粗糙长度增大而增大，但脊帆强度较大（$R_i > 0.023$）时，C_{dn}（10）随粗糙长度减小而增大。脊帆形拖曳力及其对总拖曳力的贡献均随脊帆强度减小而减小，随着粗糙长度增大而减小，但变化率和变化幅度不同。由于脊帆强度的增大代表形拖曳力的增大，而冰面粗糙长度的增大代表摩拖曳力的增大，C_{dn}（10）和脊帆形拖曳力及其对总拖曳力的贡献随脊帆强度和粗糙长度的变化趋势主要由形拖曳力和摩拖曳力的优势地位变化引起（对应较小的脊帆强度，摩拖曳力占优势地位，而对应较大的脊帆强度，形拖曳力占优势地位）。本书有助于推动海冰动力学模式、热-动力模式的改进和完善。

④通过对关于脊帆的统计优化模型的改进，得到关于龙骨切断深度的统计优化模型，利用数值算法确定最优龙骨切断深度，并用于海冰底面局部粗糙单元和龙骨的区分；在此基础上对海冰龙骨的空间分布进行了深入研究和探讨，并对海冰底面的不同形态的参数进行估算和统计分析；最后探讨了龙骨深度和间距的概率分布以及龙骨深度-频次之间的相关性，并定义了描述海冰形态的新参数，发现该参数与龙骨深度之间具有良好的线性相关性（相关系数为 0.93）。本书可为利用海冰表面高度反演底面深度及海冰厚度提供理论支撑和参数输入。

参考文献

[1] Power S B，Mysak L A. On the interannual variability of arctic sea-level pressure and sea ice[J]. Atmosphere-Ocean，1992，30（4）：551-577.

[2] Wadhams P. Ice in the Ocean[M]. Gordon and Breach Science，London，2014.

[3] Ackley S F，Lange M A，Wadhams P. Snow cover effects on Antarctic sea ice thickness[J]. Sea Ice Properties and Processes，1990，90（1）：16-21.

[4] 郑桂眉，杨宏. 暖冬何以频繁出现[J]. 环境保护与循环经济，2008，28（2）：64.

[5] 张景廉，杜乐天，范天来，等. 谁是“全球变暖”的主因——碳的自然排放源与地球化学循环及气候变化主因研究评述[J]. 论坛，2012，27（2）：226-233.

[6] 探科. 北极冻土层融化正释放大量碳 全球变暖二十年后将不可逆转[J]. 丹东海工，2011，15：80.

[7] Comiso J C，Parkinson C L，Gersten R，et al. Accelerated decline in the Arctic sea ice cover[J]. Geophysical Research Letter，2008，35（1）：L01703.

[8] Parkinson C L，Cavalieri D J. Arctic sea ice variability and trends，1979-2006[J]. Journal of Geophysical Research，2008，113：C07003.

[9] Haas C，Pfaffling A，Hendricks S，et al. Reduced ice thickness in Arctic Transpolar Drift favors rapid ice retreat[J]. Geophysical Research Letter，2008，35：L17501.

[10] Bintanja R，Oldenborgh G J，Drijfhout S S，et al. Important role for ocean warming and increased iceshelf melt in Antarctic sea-ice expansion[J]. Nature Geoscience，2013，6（5）：376-379.

[11] Matear R J，O'Kane T J，Risbey J S，et al. Sources of heterogeneous variability and trends in

Antarctic sea-ice[J]. Nature Communications，2015，6：8656.

[12] 颜其德. 南极——全球气候变暖的 “寒暑表”[J]. 自然杂志，2008，30（5）：259-261.

[13] Serreze M C，Walsh J E，Chapin F S，et al. Observational evidence of recent change in the northern high-latitude environment[J]. Climatic Change，2000，46（1）：159-207.

[14] 沈永平. 全球冰川消融加剧使人类环境面临威胁[J]. 冰川冻土，2001，23（2）：208-211.

[15] 唐述林，秦大河，任贾文，等. 极地海冰的研究及其在气候变化中的作用[J]. 冰川冻土，2006，28（2）：91-100.

[16] 康建成，唐述林，刘雷保. 南极海冰与气候[J]. 地球科学进展，2005，20（7）：786-793.

[17] Bintanja R，Oldenborgh G J，Drijfhout S S，et al. Important role for ocean warming and increased iceshelf melt in Antarctic sea-ice expansion[J]. Nature Geoscience，2013，6（5）：376-379.

[18] Kwok R，Cunningham G F. ICESat over Arctic sea ice：Estimation of snow depth and ice thickness[J]. Journal of Geophysical Research，2008，113（C8）：C08010.

[19] Perovich D K，Grenfell T C，Richter-Menge J A，et al. Thin and thinner：Sea ice mass balance measurements during SHEBA[J]. Journal of Geophysical Research，2003，108：8050.

[20] Haas C. Evaluation of ship-based electromagnetic-inductive thickness measurements of summer sea-ice in the Bellingshausen and Amundsen Seas，Antarctica[J]. Cold Regions Science and Technology，1998，27（1）：1-16.

[21] Sun B，Wen J，He M，et al. Sea ice thickness measurement and its underside morphology analysis using radar penetration in the Arctic Ocean[J]. Science in China，Series D，2003，46（11）：1151-1160.

[22] Birch R，Fissel D，Melling H，et al. Ice-profiling sonar[J]. Sea Technology，2000，41（8）：48-54.

[23] 雷瑞波，李志军，秦建敏，等. 定点冰厚观测新技术研究[J]. 水科学进展，2009，20（2）：287-292.

[24] Price D，Rack W，Haas C，et al. Sea ice freeboard in McMurdo Sound，Antarctica，derived

by surfacevalidated ICESat laser altimeter data[J]. Journal of Geophysical Research，2013，118：3634-3651.

[25] Nakamura K，Wakabayashi H，Naoki K，et al. Observation of sea-ice thickness in the Sea of Okhotsk by using dual-frequency and fully polarimetric airborne SAR（Pi-SAR）data[J]. IEEE Transactions on Geoscience and Remote Sensing，2005，43（11）：2460-2469.

[26] Myrhaug D. Prediction of the Current Structure Under Drifting Pack Ice[J]. Journal of Offshore Mechanics and Arctic Engineering，1988，110（4）：395-411.

[27] Bryan K. A diagnostic ice-ocean model[J]. Journal of Physical Oceanography，1987，17：987-1015.

[28] Bitz，C M，Lipscombz W H. An energy-conserving thermodynamic model of sea ice[J]. Journal of Geophysical Research，1999，104（C7）：15，669-715.

[29] Cheng B，Vihma T，Launiainen J. Modelling of the superimposed ice formation and sub-surface melting in the Baltic Sea[J]. Geophysica，2003，39（1-2）：31-50.

[30] Cheng B，Zhang Z，Vihma T，et al. Model experiments on snow and ice thermodynamics in the Arctic Ocean with CHINARE 2003 data[J]. Journal of Geophysical Research，2008，113：C09020.

[31] 程斌. 一维海冰热力模式的守恒型差分格式和数值模拟[J]. 海洋通报，1996，15（4）：8-16.

[32] 吴辉碇，白珊. 海冰动力学过程的数值模拟[J]. 海洋学报，1998，20（2）：1-13.

[33] 吴辉碇. 海冰的动力-热力过程的数学处理[J]. 海洋与湖沼，1991，22（4）：221-228.

[34] 刘钦政，白珊，黄嘉佑，等. 一种冰-海洋模式的热力耦合方案[J]. 海洋学报，2004，26（6）：13-21.

[35] 苏洁，吴辉碇，刘钦政，等. 渤海冰-海洋耦合模式-I. 模式和参数研究[J]. 海洋学报，2005，27（1）：19-26.

[36] Bai Y，Zhao H，Zhang X，et al. The model of heat transfer of the arctic snow-ice layer in summer and numerical simulation[J]. Journal of Industrial and Management Optimization，2005，1（3）：405-414.

[37] Lv W，Feng E，Li Z. A coupled thermodynamic system of sea ice and its parameter identification[J]. Applied Mathematical Modelling，2008，32（7）：1198-1207.

[38] Yang Y，Li Z，Leppäranta M，et al. Ice Estimation of oceanic heat flux under landfast sea ice in Prydz Bay，East[J]. 20th IAHR International Symposium on Ice Lahti，Finland，June 14 to 18，2010.

[39] 方兴. 瑞利判据的适用条件[J]. 保山师专学报，2007，26（5）：35-36.

[40] Arya S P S. A drag partition theory for determining the large-scale roughness parameter and wind stress on the Arctic pack ice[J]. Journal of Geophysical Research，1975，80（24）：3447-3454.

[41] Lu P，Li Z，Cheng B，et al. A parameterization of the ice-ocean drag coefficient[J]. Journal of Geophysical Research，American Geophysical Union，2011，116（C7）：C07019.

[42] Leppäranta M. The drift of sea ice[M]. Springer，Berlin，2011.

[43] 季顺迎. 渤海海冰数值模拟及其工程应用[D]. 大连：大连理工大学，2001.

[44] Hopkins M A，Hibler III W D，Flato G M. On the numerical simulation of the sea ice ridging process[J]. Journal of Geophysical Research，1991，96（C3）：4809-4820.

[45] Blondel P，Murton B J. Handbook of seafloor sonar imagery[M]. Wiley Chichester，UK，1997.

[46] Leppäranta M，Lensu M，Kosloff P，et al. The life story of a first-year sea ice ridge[J]. Cold Regions Science and Technology，1995，23（3）：279-290.

[47] Doble M J，Skourup H，Wadhams P，et al. The relation between Arctic sea ice surface elevation and draft：A case study using co-incident AUV sonar and airborne scanning laser[J]. Journal of Geophysical Research，2011，116：C00E03.

[48] Hibler III W D，Weeks W F，Mock S J. Statistical aspects of sea-ice ridge distributions[J]. Journal of Geophysical Research，1972，77（30）：5954-5970.

[49] Lensu M. The evolution of ridged ice fields[J]. Helsinki University of Technology，Ship Laboratory，Finland，M-280：2003.

[50] Bowen R G，Topham D R. A study of the morphology of a discontinuous section of a first year

Arctic pressure ridge[J]. Cold Regions Science and Technology，1996，24（1）：83-100.

[51] Wadhams P，Davy T. On the spacing and draft distributions for pressure ridge keels[J]. Journal of Geophysical Research，1986，91（C9）：10，610，697.

[52] Wadhams P. New predictions of extreme keel depths and scour frequencies for the beaufort sea using ice thickness statistics[J]. Cold Regions Science and Technology，2012，76-77：77-82.

[53] Wadhams P. A comparison of sonar and laser profiles along corresponding tracks in the Arctic Ocean[J]. Sea ice processes and models，edited by R. S. Pritchard，Univ. of Washington Press，Seattle，Wash，1980：283-299.

[54] Weeks W F，Ackley S F，Govoni J. Sea ice ridging in the Ross Sea，Antarctica，as compared with sites in the Arctic[J]. Journal of Geophysical Research，1989，94（C4）：4984-4988.

[55] Lytle V I，Ackley S F. Sea ice ridging in the eastern Weddell Sea[J]. Journal of Geophysical Research，1991，96（C10）：18，411-418.

[56] Dierking W. Laser profiling of the ice surface topography during the Winter Weddell Gyre Study 1992[J]. Journal of Geophysical Research，1995，100（C3）：4807-4820.

[57] Adolphs U. Roughness variability of sea ice and snow cover thickness profiles in the Ross，Amundsen，and Bellingshausen Seas[J]. Journal of Geophysical Research，1999，104（C6）：13，577-613.

[58] Granberg H B，Leppäranta M. Observations of sea ice ridging in the Weddell Sea[J]. Journal of Geophysical Research，1999，104（C11）：25，725，735.

[59] 季顺迎，聂建新. 渤海冰脊分析及其设计参数[J]. 中国海洋平台，2000，15（6）：1-5.

[60] Rothrock D A. The energetics of the plastic deformation of pack ice by ridging[J]. Journal of Geophysical Research，1975，80（33）：4514-4519.

[61] Arya S P S. Contribution of form drag on pressure ridges to the air stress on Arctic ice[J]. Journal of Geophysical Research，1973，78（30）：7092-7099.

[62] Joffre S M. Determining the form drag contribution to the total stress of the atmospheric flow over ridged sea ice[J]. Journal of Geophysical Research，1983，88（C7）：4524-4530.

[63] Mai S，Wamser C，Kottmeier C. Geometric and aerodynamic roughness of sea ice[J]. Boundary-Layer Meteorology，1996，77（3）：233-248.

[64] Garbrecht T，Lüpkes C，Hartmann J，et al. Atmospheric drag coefficients over sea ice-validation of a parameterization concept[J]. Tellus A，2002，54（2）：205-219.

[65] Lüpkes C，Birnbaum G. Surface drag in the Arctic marginal sea-ice zone：a comparison of different parameterization concepts[J]. Boundary-layer Meteorology，2005，117（2）：179-211.

[66] Birnbaum G，Lüpkes C. A new parameterization of surface drag in the marginal sea ice zone[J]. Tellus A，2002，54（1）：107-123.

[67] 季顺迎，王瑞学，毕祥军，等. 海冰拖曳系数的确定方法研究[J]. 冰川冻土，2003，25（2）：299-303.

[68] Lions J L. Optimal control of systems governed by partial differential equations[M]. Springer Berlin，1971.

[69] Ahmed N U，Teo K L. Optimal control of distributed parameter systems[M]. Elsevier Science Inc.，1981.

[70] Ahmed N U. Optimization and identification of systems governed by evolution equations on Banach space[M]. Longman Scientific & Technical，1988.

[71] Ahmed N U. A general result on measure solutions for semilinear evolution equations[J]. Nonlinear Analysis，2000，42（8）：1335-1349.

[72] Ahmed N U. Measure solutions for semilinear and quasilinear evolution equations and their optimal control[J]. Nonlinear Analysis：Theory，Methods & Applications，2000，40（1-8）：51-72.

[73] Ahmed N U. Nonlinear Diffusion Governed by McKean—Vlasov Equation on Hilbert Space and Optimal Control[J]. SIAM Journal on Control and Optimization，2007，46：356-378.

[74] Fattorini H. The maximum principle for nonlinear non-convex systems in infinite dimensional spaces[J]. Distributed Parameter Systems，1985，75：162-178.

[75] Fattorini H O. Optimal control problems for distributed parameter systems in Banach spaces[J].

Applied Mathematics & Optimization，1993，28（3）：225-257.

[76] Fattorini H O. Infinite dimensional optimization and control theory[M]. Cambridge University Prress，Cambridge，1999.

[77] Fattorini H O，Murphy T. Optimal control problems for nonlinear parabolic boundary control systems：The Dirichlet boundary condition[J]. Differential and Intergral Equations，1994，7：1367-1388.

[78] Fattorini H O，Murphy T. Optimal problems for nonlinear parabolic boundary control systems[J]. SIAM Journal on Control and Optimization，1994，32：1577-1596.

[79] Raymond J P，Zidani H. Hamiltonian Pontryagin's principles for control problems governed by semilinear parabolic equations[J]. Applied Mathematics & Optimization，1999，39(2)：143-177.

[80] 李训经. 关于分布参数系统最佳调节器的稳定裕度[J]. 控制理论与应用，1986，3（1）：76-82.

[81] 李训经. 抛物型系统边界控制的时间最优问题[J]. 数学年刊 A 辑 （中文版），1980，1（3-4）：453-458.

[82] Li X，Yong J. Optimal control theory for infinite dimensional systems[M]. New York：Springer-verlag，1994.

[83] 高夯. 半线性抛物方程支配系统的最优性条件[J]. 数学学报，1991，42（4）：705-714.

[84] Yu W H. Necessary conditions for optimality in the identification of elliptic systems with parameter constraints[J]. Journal of Optimization Theory and Applications，1996，88（3）：725-742.

[85] Yu W H. On the existence of an inverse problem[J]. Journal of Mathematical Analysis and Applications，1991，157（1）：63-74.

[86] Wang G，Wang L. The Bang-Bang principle of time optimal controls for the heat equation with internal controls[J]. Systems & Control Letters，2007，56（11-12）：709-713.

[87] Wang G. Pontryagin's maximum principle for optimal control of the stationary Navier-Stokes equations[J]. Nonlinear Analysis，2003，52（8）：1853-1866.

[88] Wang G. Optimal control of parabolic variational inequality involving state constraint[J]. Nonlinear Analysis：Theory，Methods & Applications，2000，42（5）：789-801.

[89] Lou H. Analysis of the optimal relaxed control to an optimal control problem[J]. Applied Mathematics & Optimization，2009，59（1）：75-97.

[90] Lou H. Existence and non-existence results of an optimal control problem by using relaxed control[J]. SIAM Journal on Control and Optimization，2007，46（6）：1923-1941.

[91] Lou H. Existence of optimal controls for semilinear parabolic equations without Cesari-type conditions[J]. Applied Mathematics and Optimization，2003，47（2）：121-142.

[92] Wang Q，Feng D，Cheng D. Parameter identification for a class of abstract nonlinear parabolic distributed parameter systems[J]. Computers & Mathematics with Applications，2004，48（12）：1847-1861.

[93] 冯恩民，王勇. 三维地史数值模拟及其系统辨识[J]. 高校应用数学学报，2003，18（2）：171-178.

[94] 李春发，冯恩民，刘金旺. 一类弱耦合动力系统的参数识别问题[J]. 高校应用数学学报，2002，17（4）：425-432.

[95] 李春发，冯恩民. 一类热传导方程非线性源项识别问题[J]. 大连理工大学学报，2002，42（4）：391-395.

[96] 伍卓群，尹景学，王春朋. 椭圆与抛物型方程引论[M]. 北京：科学出版社，2005.

[97] 王耀东. 偏微分方程的 L^2 理论[M]. 北京：北京大学出版社，1989.

[98] 刘炳初. 泛函分析[M]. 北京：科学出版社，2004.

[99] 陈宝林. 最优化理论与算法[M]. 北京：清华大学出版社，2005.

[100] 王康宁. 最优控制的数学理论[M]. 北京：国防工业出版社，1995.

[101] 王康宁. 分布参数控制系统丛书[M]. 北京：科学出版社，1986.

[102] Pritchard R S，Li G，Davis R O. A Deterministic-Statistical Sea Ice Drift Forecast Model[J]. Cold Regions Science and Technology，2012，76-77：52-62.

[103] Maykut G A，Untersteiner N. Some results from a time-dependent thermodynamic model of sea

ice[J]. Journal of Geophysical Research，1971，76（6）：1550-1575.

[104] Semtner J A J. A model for the thermodynamic growth of sea ice in numerical investigations of climate[J]. Journal of Physical Oceanography，1976，6（3）：379-389.

[105] Parkinson C L，Washington W M. A large-scale numerical model of sea ice[J]. Journal of Geophysical Research，1979，84（C1）：311-337.

[106] Hibler W D. A dynamic thermodynamic sea ice model[J]. Journal of Physical Oceanography，1979，9：815-846.

[107] Salas Mèlia D. A global coupled sea ice-ocean model[J]. Ocean Modelling，2002，4（2）：137-172.

[108] Reid T，Crout N. A thermodynamic model of freshwater Antarctic lake ice[J]. Ecological Modelling，2008，210（3）：231-241.

[109] Shidfar A，Karamali G R. Numerical solution of inverse heat conduction problem with nonstationary measurements[J]. Applied Mathematics and Computation，2005，168（1）：540-548.

[110] Gabison R. A thermodynamic model of the formation，growth，and decay of first-year sea ice[J]. Journal of Glaciology，1987，33（113）：105-119.

[111] Cox G F N，Weeks W F. Salinity variations in sea ice[J]. Journal of Glaciology，1974，13（67）：109-120.

[112] Weeks W F，Ackley S F. The growth，structure，and properties of sea ice[R]. 1982.

[113] 陆金甫. 偏微分方程差分方法[M]. 北京：高等教育出版社，1988.

[114] Tin T，Jeffries M O. Morphology of deformed first-year sea ice features in the Southern Ocean[J]. Cold Regions Science and Technology，2003，36（1-3）：141-163.

[115] Haas C，Liu Q，Martin T. Retrieval of Antarctic sea-ice pressure ridge frequencies from ERS SAR imagery by means of in situ laser profiling and usage of a neural network[J]. International Journal of Remote Sensing，1999，20（15-16）：3111-3123.

[116] Wadhams P，Tucker III W B，Krabill W B，et al. Relationship between sea ice freeboard and

draft in the Arctic Basin，and implications for ice thickness monitoring[J]. Journal of Geophysical Research，American Geophysical Union，1992，97（C12）：20，320，325.

[117] Ketchum Jr R D. Airborne laser profiling of the Arctic pack ice[J]. Remote Sensing of Environment，Elsevier，1973，2：41-52.

[118] Haas C，Nicolaus M，Willmes S，et al. Sea ice and snow thickness and physical properties of an ice floe in the western Weddell Sea and their changes during spring warming[J]. Deep Sea Research Part II，2008，55（8）：963-974.

[119] Haas C，Lobach J，Hendricks S，et al. Helicopter-borne measurements of sea ice thickness，using a small and lightweight，digital EM system[J]. Journal of Applied Geophysics，2009，67（3）：234-241.

[120] Bashmachnikov I，Machín F，Mendonça A，et al. In situ and remote sensing signature of meddies east of the mid-Atlantic ridge[J]. Journal of Geophysical Research，2009，114：C05018.

[121] Lowry R T，Wadhams P. On the statistical distribution of pressure ridges in sea ice[J]. Journal of Geophysical Research，1979，84（C5）：2487-2494.

[122] Peterson I K，Prinsenberg S J，Holladay J S. Observations of sea ice thickness，surface roughness and ice motion in Amundsen Gulf[J]. Journal of Geophysical Research，2008，113：C06016.

[123] Hibler III W D. Removal of aircraft altitude variation from laser profiles of the Arctic ice pack[J]. Journal of Geophysical Research，1972，77（36）：7190-7195.

[124]李丽，牛奔. 粒子群优化算法[M]. 北京：冶金工业出版社，2009.

[125] Shi Y，Eberhart R. A modified particle swarm optimizer[C]. Evolutionary Computation Proceedings，1998. IEEE World Congress on Computational Intelligence，1998：69-73.

[126] Hibler III W D，Mock S J，Tucker III W B. Classification and variation of sea ice ridging in the western Arctic Basin[J]. Journal of Geophysical Research，1974，79（18）：2735-2743.

[127] Kurtz N T，Markus T，Cavalieri D J，et al. Estimation of sea ice thickness distributions through the combination of snow depth and satellite laser altimetry data[J]. Journal of Geophysical

Research，2009，114（C10）：C10007.

[128] Farrell S L，Kurtz N，Connor L N，et al. A first assessment of IceBridge snow and ice thickness data over Arctic sea ice[J]. Geoscience and Remote Sensing，2012，50（6）：2098-2111.

[129] Kwok R，Cunningham G F，Zwally H J，et al. Ice，Cloud，and land Elevation Satellite（ICESat）over Arctic sea ice：Retrieval of freeboard[J]. Journal of Geophysical Research，2007，112：C12013.

[130] Rabenstein L，Hendricks S，Martin T，et al. Thickness and surface-properties of different sea-ice regimes within the Arctic Trans Polar Drift：data from summers 2001，2004 and 2007[J]. Journal of Geophysical Research，2010，115（C12）：C12059.

[131] Steiner N，Harder M，Lemke P. Sea-ice roughness and drag coefficients in a dynamic-thermodynamic sea-ice model for the Arctic[J]. Tellus A，1999，51（5）：964-978.

[132] Guest P S，Davidson K L. The aerodynamic roughness of different types of sea ice[J]. Journal of Geophysical Research，1991，96（C3）：4709-4721.

[133] Andreas E L，Lange M A，Ackley S F，et al. Roughness of Weddell Sea ice and estimates of the air-ice drag coefficient[J]. Journal of Geophysical Research，1993，98：12，439，452.

[134] Martinson D G，Wamser C. Ice drift and momentum exchange in winter Antarctic pack ice[J]. Journal of Geophysical Research，American Geophysical Union，1990，95（C2）：1741-1755.

[135] 岳前进，张希. 辽东湾海水漂移的动力要素分析[J]. 海洋环境科学，2001，20（4）：34-39.

[136] Hanssen-Bauer I，Gjessing Y T. Observations and model calculations of aerodynamic drag on sea ice in the Fram Strait[J]. Tellus A，1988，40（2）：151-161.

[137] Andreas E L，Claffey K J. Air-ice drag coefficients in the western Weddell Sea 1. Values deduced from profile measurements[J]. Journal of Geophysical Research，1995，100（C7）：4821-4831.

[138] Timco G W，Burden R P. An analysis of the shapes of sea ice ridges[J]. Cold Regions Science and Technology，1997，25（1）：65-77.

[139] Mock S J，Hartwell A D，Hibler III W D. Spatial aspects of pressure ridge statistics[J]. Journal

of Geophysical Research，1972，77（30）：5945-5953.

[140] Banke E G，Smith S D，Anderson R J. Drag coefficients at AIDJEX from sonic anemometer measurements[J]. Sea Ice Processes and Models，Seattle：University of Washington Press，1980：430-442.

[141] Wamser C，Martinson D G. Drag coefficients for winter Antarctic pack ice[J]. Journal of Geophysical Research，1993，98（C7）：12，412，431.

[142] Seifert W J，Langleben M P. Air drag coefficient and roughness length of a cover of sea ice[J]. Journal of Geophysical Research，1972，77（15）：2708-2713.

[143] Banke E G，Smith S D. Wind stress on Arctic sea ice[J]. Journal of Geophysical Research，1973，78（33）：7871-7883.

[144] Guest P S，Davidson K L. The effect of observed ice conditions on the drag coefficient in the summer East Greenland Sea marginal ice zone[J]. Journal of Geophysical Research，1987，92（C7）：6943-6954.

[145] 高春春，陆洋，史红岭，等. 基于 GRACE RL06 数据监测和分析南极冰盖 27 个流域质量变化[J]. 地球物理学报，2019，62（3）：864-882.

[146] Ekeberg O，Høyland K，Hansen E. Ice ridge keel geometry and shape derived from one year of upward looking sonar data in the Fram Strait[J]. Cold Regions Science and Technology，2015，109：78-86.

[147] Kharitonov V V. Internal Structure of Ice Ridges and Stamukhas based on Thermal Drilling Data[J]. Cold Regions Science and Technology，2008，52（3）：302-325.

[148] Tan B，Li Z，Lu P，et al. Morphology of Sea Ice Pressure Ridges in the Northwestern Weddell Sea in Winter[J]. Journal of Geophysical Research，2012，117：C06024.

[149] 周春霞，赵秋阳，墙强. 基于 ICESat 的南极冰下湖活动监测方法[J]. 武汉大学学报（信息科学版），2018，43（10）：1458-1464，1471.

[150] 赵羲，苏昊月，石中玉，等. 南极海冰密集度多源数据的交叉检验[J]. 武汉大学学报（信息科学版），2015，40（11）：1460-1466.

[151] Obert K M，Brown T G. Ice Ridge Keel Characteristics and Distribution in the Northumberland Strait[J]. Cold Regions Science and Technology，2011，66（2-3）：53-64.

[152] Davis N R，Wadhams P，A statistical analysis of arctic pressure ridge morphology[J]. Journal of Geophysical Research：Oceans，1995，100（6），10915.

[153] Timco G W，Croasdale K，Wright B，2000. An overview of first-year sea ice ridges. Technology Report HYD-TR-047，Canadian Hydraulics Center，National Research Council of Canada.

[154]Timco G W，Burden R P. An analysis of the shapes of sea ice ridges[J]. Cold Regions Science and Technology，1997，25：65-77.

[155] Comiso J C，Wadhams P，Krabill W B，et al. Top/Bottom Multisensor Remote Sensing of Arctic Sea Ice[J]. Journal of Geophysical Research，1991，96（C2）：2693-2709.